LES OISEAUX

DE

LA BASSE-COCHINCHINE

Par M. le Dr Gilbert TIRANT

EXTRAIT DU *Bulletin du Comité agricole et industriel de la Cochinchine*, année 1878.

PARIS

CHALLAMEL AINÉ, LIBRAIRE-EDITEUR

ÉDITEUR DU COMITÉ AGRICOLE ET INDUSTRIEL DE LA COCHINCHINE

COMMISSIONNAIRE POUR LA MARINE, LES COLONIES ET L'ORIENT

5, rue Jacob, 5.

1879

LES OISEAUX

DE

LA BASSE-COCHINCHINE

LES OISEAUX

DE

LA BASSE-COCHINCHINE

Par M. le Dr Gilbert TIRANT

EXTRAIT DU *Bulletin du Comité agricole et industriel de la Cochinchine*, année 1878.

PARIS

CHALLAMEL AINÉ, LIBRAIRE-ÉDITEUR

ÉDITEUR DU COMITÉ AGRICOLE ET INDUSTRIEL DE LA COCHINCHINE

COMMISSIONNAIRE POUR LA MARINE, LES COLONIES ET L'ORIENT

5, rue Jacob, 5.

—

1879

LES OISEAUX

DE

LA BASSE-COCHINCHINE

par M. le Dr Gilbert TIRAUT.

La Faune ornithologique de la Basse-Cochinchine a été peu étudiée, et sa littérature comprend très-peu de documents. A peine peut-on citer deux ou trois noms, parmi les auteurs anciens, comme ceux de *Diard*, de *Lesson*, de *Bélanger*, à propos des rares oiseaux dits Cochinchinois, comme le Temnurus truncatus, le Megalœma phaiostictus et l'Oriolus Cochinchinensis ; et encore le Temnurus truncatus de Lesson repose sur un échantillon du Muséum de Paris resté unique, et l'Oriolus Cochinchinensis paraissait confiné aux Iles Philippines.

Les collections de *Mouhot*, faites au Cambodge, à Siam et au Laos, se trouvent aujourd'hui au British Muséum, et M. *Sharpe*, dans les remarquables catalogues qu'il vient de publier, a pu citer un certain nombre d'oiseaux comme habitant la péninsule Cochinchinoise. Sir Robert H. *Schomburgk*, Consul d'Angleterre à Bangkok, a envoyé une liste, en 1865, au Quarterly Journal of Ornithology : The Ibis. En 1872, la Société des sciences naturelles de Cherbourg a publié dans ses mémoires, sous le nom de M. *Jouan*, une liste de 197 échantillons d'oiseaux recueillis en Cochinchine par M. *Pierre*, le savant Directeur du jardin botanique de Saigon. Malheureusement, la plupart des espèces sont peu déterminées ou indéterminées dans ce travail.

Enfin, de temps à autre, MM. Jules *Verreaux*, *Oustalet* et *Elliot* ont fait connaître quelques nouveautés comme le Megalœma Lagrandieri, le Polyplectron Germaini, le Geeinus erythrapygius, l'Ixus Germaini, le Chœtura Cochinchinensis, le Pitta Ellioti, le Porphyrio Edwardsi, et l'Anthracoceros fraterculus, d'après les oiseaux envoyés au Muséum de Paris par M. *Germain*, vétérinaire de l'artillerie de Marine, de M. *Pierre*, du Commandant *Bousigon*, Administrateur des affaires indigènes, et du Docteur *Harmand*, l'explorateur du Laos. Toutefois, une partie de ces collections est encore inédite aujourd'hui.

Pendant les années 1875, 1876 et 1877, j'ai pu mettre à profit mon séjour en Cochinchine pour récolter plus de mille oiseaux qui se trouvent actuellement au Muséum de Lyon, si riche déjà au point de vue de la Faune de la Cochinchine. Ces recherches, continuées en France, dans les collections de Lyon et de Paris, pendant l'année 1878, forment la base de ce travail.

Il présente encore bien des lacunes; la série des oiseaux de forêt est loin d'être complète et je n'ai pu explorer que la région du N.-E. de la Basse-Cochinchine, de *Baphồnm* sur le *Mékong*, à *Dồng lách* près de *Biên hòa*, *Saigon* et *Trà vinh*.

Les travaux considérables des savants étrangers qui ont presque achevé l'exploration des pays voisins dans ces dernières années (comme *Jerdon*, *Blyth*, *Swinhoe*, *Hume*, *Davison*, *Salvadori*, *Schelgel*, etc.), se trouvent cités à chaque page de ce travail. Je puis ajouter que le Père Armand *David* et M. *Oustalet*, en publiant leurs beaux volumes sur les oiseaux de la Chine, ont fait honneur à la science française qui, autrefois, en ornithologie tenait le premier rang. Il sera facile de se reporter aux descriptions et aux diagnoses originales, ainsi qu'aux planches figurant chaque oiseau.

Les noms indigènes ont été indiqués autant qu'il a été possible; l'orthographe des noms annamites a été revue par M. *Petrus Trương-Vĩnh Ký* en 1876; les noms cambodgiens proviennent des travaux de M. *Janneau*, de M. *Aymonier* et de recherches personnelles, en petite partie; les noms siamois sont de *Schomburgk* et les noms Chinois du père Armand *David*.

Qu'il me soit permis de remercier, en terminant, le Dr L. *Lortet*, Doyen de la Faculté de Médecine de Lyon et Directeur du Muséum, de l'appui qu'il m'a prêté, et MM. Alph. *Milne Edwards* et *Oustalet* de la bienveillance qu'ils ont bien voulu me montrer, en m'ouvrant les portes du Muséum de Paris.

Thù dầu một, 5 février 1879.

Ouvrages récents consultés.

Blyth. 1865 et 1867. Ibis. Commentary of Jerdon's Birds of India. London.

Bouvier. 1877. Bulletin de la société Zoologique de France. Paris.

Bruggeman. 1876. Beiträge zur ornith. von Célèbes und Sanghir Bremen.

David et Oustalet. 1877. Les Oiseaux de la Chine. Paris.

Elliot. 1870. Ibis. Monograph. of Pittidæ. London.
— Monograph. of Phasianidæ, of Tetrasonidæ, of Bucerotidæ. Paris.
— 1877. Ann. and Mag. of. Nat. hist. London.
— 1865. Nouvelles Archives du Muséum de Paris. Paris.

Finsch 1868. Die Papageien. Berlin.

Gould Birds of Asia. Planches et texte. London.
— Birds of Australia. London.

Gurney 1878. Ibis-London.

Hume 1873 à 1877. Stray feathers. Calcutta.
Hume et Davison 1878. Stray Feathers. Calcutta (Birds of Ténasserim.)
Jerdon 1862-64. Birds of India. completés dans l'Ibis. Calcutta et London.
Jouan 1872. Mémoire. Société des sciences naturelles de Cherbourg.
Marshall G. H. et G. F. 1870-71. Monograph. of Capitonidæ.
Oustalet 1877. Bulletin de la Société philomatique de Paris.
Salvadori Uccel. di Borneo.
— Alti. Acad. Torino-1874. 1878-Ann. Mus. Civ. Genov. 1874.
Salvadori et Giglioli. Alti. Ac. Torino 1874. Voyage du Magenta.
Schlegel. Mus. des Pays bas.
Schomburgk. Notes of some Birds of Siam. Ibis 1864.
Sclater.
Seebohm. 1877. Ibis.
Scharpe. 1874. 1877. Catalogue of Birds of British muséum.
— 1868-1871. Monograph. of. Alcedinidæ.
— 1876-Ibis. Contribution to Ornithology of Borneo, etc.
Shelley. 1876. Monograph. of Cinnyridæ.
Stoliczca. Contribution to Malayan Ornithology. Proc. Zool. Soc. of London.
Swinhoe. Nombreux mémoires dans l'Ibis et les Proceedings.
Tweedale (Lord). Nombreux mémoires dans l'Ibis et les Proceedings.
Verreaux. Nouvelles archives du Muséum de Paris.
Walden (Viscount). Nombreux mémoires dans l'Ibis et les Proceedings.
Wallace. Nombreux mémoires dans l'Ibis et les Proceedings.

Rapaces diurnes.

1. **Otogyps calvus** (Scopoli).

Vultur calvus. Scop., 1786. — **V. ponticerianus**. David. — Tem. Pl. col. 2, — **Otogyps calvus**. Jerdon B. of India 1. p. 7, 1862. — Sharpe Cat. of Accip, 1874. Hume Str. feathers, 1878.

Ann. *Con kên kên đèn*. en caractères chinois *Đai ô diêu*. Camb. *Thmat*.

Le vautour noir ou roi des vautours n'est pas commun en Cochinchine. Il habite cependant les montagnes de *Châu đốc*. J'ai vu au muséum de Lyon, la tête d'un oiseau provenant des montagnes de *Hà tiên*.

Habitat : Inde, Birmanie, Ténasserim, (Davison.)

Il vit solitaire par couple et parfois en petits groupes de quatre ou cinq individus. Le vautour Moine ou Arrian (**V. Monachus** L.) n'a pas été signalé à ma connaissance en Cochinchine, malgré que les

Annamites se servent du nom chinois de cet oiseau pour désigner un vautour qui est le **V. Calvus**.

2. Gyps indicus (Scopoli).

Vultur indicus. Scopoli, 1786.—Tem. pl. col. 26.—Jerdon, 1862. B. of Ind.— Jouan, 1872. Mem. Soc. sc. nat. Cherbourg. — Sharpe, 1874. Cat. of. Accip.— Hume et Davison, 1878. Str. feath.

Ann. *Con kên kên rừng*. Camb. *Thmat.*

Le vautour brun à long bec évite le voisinage des lieux habités que fréquente au contraire l'espèce suivante. Je l'ai vu à *Tây ninh* (*Núi bà đèn*).

Habitat : Commun dans l'Inde et en Birmanie.

Davison ne l'a pas rencontré au Ténasserim, mais Bingham le signale aux environs de Moulmein comme vivant en compagnie du **Pseudogyps bengalensis**, dont il se distingue facilement par sa taille plus grande, la longueur de son bec et la teinte de son plumage.

3. Pseudogyps Bengalensis (Gmelin).

Vultur Bengalensis. Gm., 1788. — **V. changoun**. Davd. — **Gyps Bengalensis**. Jerdon, 1862. B. of. Ind. I, p. 10. — Jouan, 1872. Mém. Soc. sc. nat. Cherbourg. — **Pseudogyps Bengalensis**. Sharpe, 1874. Cat. of. Acc.

Ann. *Con kên kên.* Camb. *Thmat.*

Le vautour à dos blanc est très commun autour de *Saigon* et de *Chợlớn*. Il vit en grandes troupes.

Hab. Inde, Indo-Chine.

4. Aquila nævia (Brisson).

A. nævia. Brisson, 1760. — Gould., 1837. B. of. Europ. pl. 8. — **Morphnus hastatus** Lesson, 1834. Voy. Bélanger, 217. — Jouan, 1872. Mém. Soc. sc. nat. Cherbourg. — **A nævia**. Sharpe, 1874. Cat. of. Accip.—A. David et Oustalet, 1877. Ois. Chine. 11.

Ann. : *Con ó trèm. ó rang.* — en Pékinois : *Djeu-ma-tiao ;* aigle à grains de sésame (A. David). — Camb. : *Eÿntri* (Aymonier). *Dôntri* (Moura).

J'ai rencontré cet aigle tacheté aux environs de *Saigon* (Muséum de Lyon). Germain en a envoyé deux exemplaires au Muséum de Paris et Jouan le signale sous le nom de **Spizæte** à rémiges hastées avec la synonymie de **Morphnus hastatus** (Lesson). Les Annamites l'élèvent parfois comme oiseau de chasse, ainsi que je l'ai vu à *Bến cắt* (*Thủ dầu một*).

Hab. Cochinchine, Europe méridionale, Chine (très-rare).

5. Nisaetus fasciatus (Sharpe).

N. fasciatus. Sharpe, 1874. Cat. of. Accip.

J'ai tué un exemplaire de cet aigle aux environs de *Trà vinh* (Muséum de Lyon).

Hab. Cochinchine, Inde.

6. **Neopus malayensis** (Reinwardt).

Falco malayensis. Reinwardt, 1823. — Tem. pl. col. 117. — **Aq. perniger,** Hadgson. — **N. malayensis.** Jerdon, 1862. B. of. Ind. — **Onychaetus malayensis.** Salvadori, 1874. — Hume Str. feathers, 1878. — **Heteropus malayensis.** Bouvier, 1877. Bulletin Soc. Zool. de France, p. 293.

L'aigle noir habite les montagnes de *Bà rịa*, de *Tây ninh* et de *Châú đốc*. C'est un bel oiseau au vol facile et élégant dont les ailes sont remarquablement longues ; ce type ne renferme qu'une espèce connue.

Hab. : Cochinchine, Indo-Chine, Indo-Malaisie, Célèbes, Moluques, Inde. (Districts montueux et boisés.)

7. **Haliaetus fulviventer** (Vieillot).

Aquila leucorypha. Pallas, 1774. — **Falco fuldiventer.** Vieillot, 1819. — **F. Macei.** Tem., 1824, pl. col. — **Hal. fulviventer.** Jerdon, 1862. B. of. Ind. p. 82.— A. Dav. Oustalet, 1877. Ois. Chine. — **H. leucoryphus.** Hume et Davison, 1878. Str. feath. (Ténasserim.)

Ann. *Con ó công* (l'aigle des Paons). *ô lông*. Longô.

Le Pyrargue à ventre fauve habite la Cochinchine. L'exemplaire que j'ai procuré au Muséum de Lyon avait été blessé à *Suối nước* par M. Parreau, administrateur.

Hab. Indo-Chine, Chine (A David); Inde (surtout au Bengale). Plusieurs Ornithologistes, Sharpe, entre autres, identifient cet aigle avec l'**H. leucoryphus** (Pallas), qui a été trouvé dans la région de la mer Caspienne.

8. **Haliaetus leucogaster** (Gmelin).

Falco leucogaster. Gmel. 1788.— **H. leucogaster.** Jerdon, 1864. B. of. Ind. — Hume et Davison, 1878. — Str. feath. (Pégu et Ténasserim.)

Ann. *Con ó công* (L'aigle des Paons).

J'ai tué le Pyrargue à ventre blanc à *Trà vinh*, et à *Ba phnôm* (Cambodge) (Muséum de Lyon). Il appartient au type des aigles pêcheurs, habitant le bord des fleuves et de la mer. Constamment en lutte avec les Balbuzards plus faibles que lui, il leur dérobe facilement les proies dont ils se sont emparés, serpents, crabes, rats ou poissons. *A Trà vinh*, il niche en décembre sur les Dépterocarpus élevés du voisinage des Pagodes.

Hab. Indo-Chine, Malaisie, Inde.

C'est le type du genre **Blagrus** de Blyth ; et Gray, d'autre part, avait formé un genre **Cuncuma**, avec cette espèce et la précédente.

9. **Poliaetus ichtyaetus** (Horsfield).

Falco ichtyaetus. Horsfield, 1822. — **P. ichtyaetus.** Jerdon, 1862. B. of. Ind. p. 81. — Hume et Davison. Str. feath., 1878, p. 16. (Ténasserim.)

Ann. *Con ô biên* (L'aigle de mer). Camb. *âk*.

L'aigle de mer à queue blanche a les mêmes habitudes que les Pyrargues J'en ai tué un exemplaire à *Thủ đức* (Muséum de Lyon, femelle adulte). Jouan le dit excessivement commun sur le fleuve de *Saigon;* ce point ne m'a pas paru exact. Je ne l'ai vu que rarement, tandis que les **Pandion**, les **Haliastur** et les **Milvus** abondent.

Hab. Indo-Chine, Inde.

Le **P. humilis**, (Tem.) de Malacua et de la Malaisie est un diminutif de cet oiseau.

10. **Pandion haliaetus** (Linné).

Falco haliaetus. Lin. 1770. — **P. haliaetus.** Lesson, 1828. — Jerdon, 1862. B. of. Ind. 1, 80. — David et Oustalet, 1877. Ois. Chine, p. 14.

Ann. *Con ó biên.* L'aigle de mer. Camb. *àk.*

Ce Balbuzard est l'aigle pêcheur par excellence. Il est très-commun en Cochinchine sur toutes les grandes rivières. Hume et Davison le disent très-rare au Ténasserim, sauf dans l'extrême sud.

Hab. Asie, Afrique, Europe, une partie de l'Amérique.

Le **P. carolinensis** (Gmel.) parait n'être qu'une sous-espèce peu distincte. Il est remplacé en Australie par le **P. leucocephalus.** (Gould.)

La réversibilité du doigt externe des Pandions est un caractère unique dans la série des oiseaux de proie; ce qui a conduit Sharpe et d'autres auteurs à leur faire une place à part en dehors de tous les rapaces diurnes.

11. **Milvus govinda** (Sykes).

M. govinda. Sykes, 1832. — **M. ater.** Gould. B. of. As. Liv. IV. — Swinhoe 1871. Pr. Z. soc., 341.— Hume. Str. feath., 1873. p. 160. — 1875, p. 229. — 1878, p. 23. — David et Oust., 1877. Ois. Chine, p. 14.

Ann. : *Con diều lem.* (Souvent *con ó biên*). — Camb. : *Klĕng klĕmau.* Pékinois : *Paé-thoou-tiao;* — (*Bac thủ diều*) ; (Blanche tête aigle).

C'est un des oiseaux de proie les plus communs en Cochinchine. Il est très-voisin du M. affinis (Gould.), de l'Australie, dont il diffère par des caractères très-variables, dans les oiseaux que j'ai étudiés en Cochinchine; — teinte plus rousse, taches blanches à la base des rémiges. Ce dernier caractère est fréquemment observable. Il est distinct également du **M. major**, Hume. (M. melanotis).

Hab. Indo-Chine. Inde.

Sur la côte de Chine, ce milan est remplacé par **le M. melanotis**, Tem. et Schleg, 1835, plus grand et plus fort.

12. **Haliastur indus** (Boddaert).

Falco indus. Boddaert, 1783.— **H. pondicerianus.** Gmel. 1788.— **H. indus.** Gray, 1845. — Jerdon, 1862. B. of. Ind. — Schomburgk. Ibis 1864, p. 246, Siam. — Gurney, 1878. Ibis, p. 460.

Ann. *Con diều lửa.* — Camb. *Klĕng krâhâm.* — Siamois. *Ih hioh* Schomburgk.

Ce milan est extrêmement commun dans toute la Cochinchine. Tout le monde l'a vu planant avec élégance sur toutes les grandes rivières. Il est également commun dans l'intérieur des terres et dans les forêts.

Hab. Indo-Chine, Malaisie, Australie, Chine, Inde.

Gurney observe avec raison que l'H. indus comprend trois sous-espèces ou races distinctes: l'**H. indus**, type du Nord et du N.-O, chez lequel les marques noires des plumes blanches sont très-apparentes ; l'**H. girrenera**, du Sud-Est, qui manque souvent de ces marques ; enfin l'**H. intermedius** (Gurney 1865), qui est intermédiaire. — En Cochinchine, ces traits noirs sont constants. La seule autre espèce distincte d'Haliastur est l'**H. sphenurus**, des îles Yule et du sud de la Nouvelle-Guinée.

13. **Elanus cœruleus** (Desfontaine).

Falco coeruleus. Desfont. 1787. — **El. melanopterus.** Auctores.

Ann. *Con Thầy boi.* Camb. *Stéang thûm.*

Ce bel oiseau au vol caractéristique a été cité par Jouan comme un faucon gris cendré très élégant qu'il ne détermine pas. Je l'ai rencontré dans tous les points de la Cochinchine dont j'ai pu étudier la faune ornithologique. Bonaparte, Sharpe et d'autres auteurs distinguent une variété asiatique et une variété africaine. Je n'ai pu observer aucune différence bien marquée.

Hab. Indo-Chine, Chine, Inde, Afrique et Europe méditerranéenne.

14. **Pernis ptylorhynchus** (Temminck).

P. ptylorhynchus. Tem. 1823. — Hume. 1878. Str. f., p. 23. Ténasserim.

J'ai rencontré cette espèce de Bondrée une seule fois en Cochinchine (*à Trà vinh*); elle est remarquable par sa huppe occipitale. Jouan cite une Bondrée indéterminée parmi les oiseaux recueillis par M. Pierre.

Habitat : Cochinchine-Ténasserim (rare), Malaisie, Inde.

Le **P. apivorus** (Briss) habite l'Europe, une partie de l'Asie et de l'Afrique. C'est une espèce voisine.

15. **Butastur indicus** (Gmelin).

Falco indicus, Gmelin, 1788. — **F. Poliogenys.** Tem. 1825. — **B. indicus.** Sharpe, 1874. Cat. of. Accip. 1, p. 297. — Dav., Oustalet, 1877. Ois. Chine, p. 18. — Hume et Davison, 1878, p. 19. Ténasserim. — Bouvier, 1877. Bull. Soc. Zool. France, p. 294. (Kessang.)

Cette espèce de Buse-autour se rapproche beaucoup du **B. teesa** (**Poliornis teesa**) et du **B. liventer.** Elle diffère des buses par son vol et son cri. La queue est rayée d'une façon toute différente. Elle est commune en Cochinchine et j'en ai tué une paire à la pagode de *Bình hòa* près de *Saigon.*

Hab. Asie Orientale.

16. Circaetus gallicus (Gmelin).

C. gallicus. Gmelin, 1770. — David et Oustalet, 1877. Ois. Chine, p. 21.

Je place cette espèce parmi les oiseaux de Cochinchine sur la foi de Jouan, qui cite un Circaetus provenant de *Chaû đôe* (il n'en détermine pas l'espèce), parmi les oiseaux recueillis par M. Pierre (*Mém, Soc. sc. nat. Cherbourg* 1872). Je n'ai jamais vu pour ma part le Jean le blanc en Cochinchine.

Le **Circaetus gallicus** habite l'Europe et l'Asie septentrionale. Les autres espèces sont africaines.

17. Spilornis Rutherfordi (Swinhoe).

S. Rutherfordi. Swinhoe, 1870. Ibis, 85-1871. Proc. Zool., 340. — A. David. Oust., 1877. Ois. Chine, p. 22. — Hume et Davison, 1878, p. 14. (Ténasserim.)

Ann. *Con ó mũ xoáy.*

L'espèce créée par Swinhoe ne diffère du Sp. cheela que par sa taille plus petite et la teinte plus foncée de son plumage. Il m'est impossible d'assurer que les oiseaux recuillis par moi en Cochinchine (*Trà vinh*, *Tây ninh*), sont vraiment distincts du **Sp. Cheela**. Un exemplaire que j'ai donné au Muséum de Lyon est remarquablement marqué de traits blancs ondulés sur le dos comme sur la poitrine et diffère de tous les Spilornis que j'ai pu voir aux muséums de Lyon et de Paris. Mais je n'ai pu le comparer aux types des **Sp. Davisoni Elgini, pallidus** et **undulatus**. Cette grande buse huppée a les mêmes habitudes que ses congénères et se trouve dans les régions boisées, vivant de serpents, de lézards, de grenouilles, de rats et d'insectes.

Hab. Le **Sp. Rutherfordi** habiterait la Cochinchine, Siam, Hainam, la Chine méridionale, le Ténasserim et le Pégu.

18. Astur Soloensis (Horsfield).

A. soloensis. Horsfield, 1820. — **A. cuculoïdes**. Tem, 1823. — A. Dav. Oust., 1877. Ois. Chine, p. 25. — Sharpe, 1874. Cat. of. Accip., 115, pl. IV. — Hume, 1878. Str. feath., p. 8.

Ann. *Con Bò cắt lửa*, (ou *Bù cắt*) ; — Camb. *Stĕang rolok* (ou *lolok*). Les autours à ventre roux que j'ai tués à *Bình hòa* près de *Saigon* avaient les iris jaune brillant, ce qui les ferait rentrer dans l'espèce **A. Soloensis**, si elle est distincte réellement de l'**A cuculoïdes.**

Hab. Cochinchine, Indo-Chine, Malaisie, Chine (jusqu'à Pékin).

19. Astur Poliopsis (Hume).

A. poliopsis. Hume 1874. Str. feathers, p. 325. — Sharpe, 1874. Cat. of. Acc. 1, p. 110. — Dav. Oust. 1877. Ois. Chine, p. 24. — Hume 1878. Str. feath., p. 7. (Ténasserim.)

Ann. *Con Bò cắt răng*, (ou *Bù cắt*). — Camb. *Stéang.*

L'autour brun n'est pas rare en Cochinchine; je l'ai tué à *Saigon*, *Thủ dầu một* et *Trà vinh.*

Hab. Cochinchine, Cambodge, Siam, Hainam (Swinhoe. Ibis, 1870, p. 84). — Birmanie (Oates, Hume).

Il paraît être une sous-espèce indo-chinoise de l'**A. Badius** (Gmelin), qui est la race d'autour brun de l'Inde; mais il est plus grand, et non plus petit, comme le dit Oustalet. De plus, les oiseaux que je range sous cette espèce avaient les lores presque blancs, les joues et la région auriculaire grises et non brunes comme l'exemplaire de Cochinchine dont il est fait mention dans les « oiseaux de la Chine. »

20. **Accipiter nisus** (Lin.).

A nisus. Linné, 1766. — Jerdon, 1862. B. of Ind. p. 51. — Sharpe, 1874. Cat. of Accip. 1. p. 132.

Ann. *Con bò cát hùm* (*Bù cát*).

L'épervier vulgaire habite à la fois l'Asie et Europe. Il n'est pas rare en Cochinchine.

21. **Accipiter virgatus** (Tem.).

Falco virgatus. Temminck, 1823. — **A. virgatus**, Jerdon, 1862. B. of Ind. p. 52. — Sharpe, 1874. Cat of Acc., p. 150.

Ann. *Con bù cát.*

Cet épervier se distingue du précédent par sa gorge blanche, marquée d'une raie brunâtre ou noirâtre, et par la teinte ardoisée de ses joues et de ses oreilles. Les oiseaux que j'ai recueillis en Cochinchine sont de plus petite taille que l'**A. Stevensonii** de Gurney.

(Voir Ibis, 1863 p. 447, pl. XI).

22. **Circus melanoleucus** (Forst.).

Falco melanoleucus. — Forster, 1781. — **C. melanoleucus**. Jerdon, 1864. B. of Ind., p. 99. — Swinhoe, 1871. Pr. z. s., p. 343. — Sharpe, 1874. Cat. of. Accip. 1., p 61.

Ann. *Con ó mướp*. Camb. *Stéang thûm*.

J'ai tué le Busard-Pie, à *Saigon* et à *Thủ dầu một*. Jouan cite un circus dont il ne détermine pas le nom provenant de *Thủ đức*. Sa description incomplète, indiquant un oiseau noir foncé sur le dos avec les rémiges noires et le ventre blanc, peut se rapporter à cet oiseau.

Hab. Indo-Chine, Inde.

23. **Circus spilonotus** (Kaup).

C. spilonotus. Kaup, 1850. Jard. contr. or., p. 59. — Swinhoe, 1863. Ibis. p. 17. pl. V. — Scharrpe, 1874. Cat. of. Acc. 1. p. 58.

Ann. *Con ó mướp*. Camb. *đat*.

J'ai tué cet oiseau à *Trà vinh*. Il est le plus grand des busards de Cochinchine.

Hab. Cochinchine, Chine méridionale, Malaisie, Hainam, Formose. On ne l'a signalé ni en Birmanie, ni au Ténassserim.

24. Circus œruginosus (Linné).

C. œruginosus. L., 1766. — **C. rufus.** Gmel. 1788. — **C. œruginosus.** Jerdon, 1864. B. of. Ind. 1. p. 99. — Swinhoe, 1871. P. Z.-S. p. 343. — Sharpe, 1874. Cat. of. Acc. 1. p. 69.

Le Busard des marais, l'Harpaye d'Europe, habite la Cochinchine. Je l'ai tué à *Trá vinh* en octobre.

Hab. une grande partie de l'Asie, Europe, Nord de l'Afrique.

Je n'ai jamais rencontré en Cochinchine le Busard saint Martin ou sous-buse, **C. cyaneus** (L.) le *Pac yng* (*Bac ửng*) des Pékinois, qui est le Busard le plus commun en Chine.

25. Microhierax fringillarius (Drap.).

M. fringillarius. Drap, 1824. — Walden, Ibis, 1871, p. 158 (Péninsule Malaise-Stoliczka). — Sharpe., 1874. Cat. of. Acc. — Sharpe. Ibis, 1876, p. 29 (Bornéo-Wereit). — Tweedale. 1877. Ibis, p. 283 Sumatra (Lampong). Buxton. — Bouvier, 1877.— Bull. Soc. Z Fr. Kessang. Péninsule malaise.— Hume et Davison, 1878. Str. feathers, p. 5 (Ténasserim). — B. Sharpe, 1878. Ibis, p. 414. Bornéo.

Ann. *Con Bù lét. Bùa lét.*

Ce gracieux petit faucon, à peine plus gros qu'un moineau, habite la Cochinchine. Je l'ai tué à *Thủ dầu một* et à *Saigon*. Je n'ai trouvé que des débris d'insectes et de sauterelles dans l'estomac de ceux que j'ai pu observer. Il se nourrit aussi de papillons et de petits oiseaux, car Davison l'a vu s'emparer d'un Monticola solitaria, d'une Hirundo gutturalis, et d'un Calornis.

Hab. Sud de l'Indo-Chine et Malaisie. — Au nord il est remplacé par le **M. cœrulescens**; du côté de l'Inde (qui descend jusqu'au 16° nord (Ténasserim); du côté de la Chine par le **M. chinensis** (A. David. Institut, 1875, p. 114); aux Philippines par le **M. erythrogenis** (Vigors).

26. Falco tinnunculus (Linné).

F. tinnunculus. L. 1766. — **Cerchneis tinnuncula.** Sharpe 1874. Cat. of. Acc. 1. p. 425.

La Crécerelle n'est pas commune en Cochinchine. Je l'ai vue pourtant à *Saigon* et le docteur Morice l'a envoyée de *Qui nhơn* au Muséum de Lyon. Sa taille dépasse un peu celle de la crécerelle d'Europe et sa teinte est un peu plus foncée; ce qui la rapprocherait du **Tinnunculus Japonicus** des auteurs et du **T. saturatus** de Blyth (*Journ. as. soc. Bengale* 1859. *p.* 277 *et* 1875. *p.* 59). — Oustalet (*Ois. Chine*, 1877, *p.* 36) et Hume (*Stray feathers*, 1878, p. 3) considèrent ces espèces comme très-douteuses.

Hab. Asie, Europe.

27. Baza lophotes (Cuvier).

Falco lophotes. Cuvier. — **Butes cristatus.** Vieillot. — **Lophotes indicus.** Lesson, 1833. — **Baza lophotes.** Jerdon, 1864. B. of. Ind. 1. p. 111.

Ann. *Con cú.*

Ce bel oiseau est commun en Cochinchine. J'ai pu en tuer une douzaine à *Bình hòa* (*Saigon*) sur les manguiers de l'Inspection. Il est insectivore.

Hab. Cochinchine, Inde (rare dans le sud, d'après Jerdon). — Ténasserim méridional (manque au Nord. Davison et Hume).

Le **B. sumatrensis** (Lafresnaie) voir Sharpe, *Cat. of. Acc.* p. 352 et pl. XI. et aussi Hume. *Str. feathers*. 1875, p. 313) est une espèce distincte qui devrait peut-être être réunie au **Spizaetus Lathami** (Tiek) et au **Baza Jerdoni** (Blyth). Je n'ai pu voir en Cochinchine cette espèce des grandes îles malaises et du Ténasserim méridional.

Rapaces nocturnes.

28. **Ninox Scutulata** (Raffles).

Strix scutulata. Raffles, 1822. Trans. Lin. soc. p. 280. — **Athene scutulatus** (Horsfield). **N. scutulatus**. Jerdon, 1864. B. of. Ind. p. 147. **N. hirsuta** var. **Japonica**. Schlegel, 1850. **N. burmanica**. Hume, 1876. Str. feath. p. 285.

Ann. *Con chim mèo*. Camb. *Chhma ba* ou *Mîhm*.

Sharpe a réuni sous le nom de **Ninox Scutulata** les chouettes de l'Asie orientale. Hume croit pourtant pouvoir séparer comme distincte la chouette du Ténasserim. Les exemplaires que j'ai tués à *Thù dầu một* et donnés au Muséum de Lyon ne me paraissent pas différer des **A. hirsuta** de l'Inde que j'ai pu examiner.

Hab. Indo-Chine, Inde, Chine, Japon, Malaisie.

29. **Athene cuculoïdes** (Vigors).

Noctua cuculoïdes. Bigors, 1830. — **N. auribarbis**. Hodgson. — **A. cuculoïdes**. Jerdon, 1864. B. of. India. p. 145. — Sharpe, 1875, Cat. of. Strig. — **Glaucidium cuculoïdes**. Hume, 1878. Str. feathsrs, p. 37 (Ténasserim).

J'ai trouvé cette chouette au cri si curieux ressemblant à un ricanement doux et incessant à *Tra sang* sur le haut *Vaïco*. Les exemplaires du Muséum de Lyon sont des mâles avec huit barres sur la queue. Ils ont été tués par M. Fourès, administrateur.

Hab. Indo-Chine, Chine.

Blyth avait fait une espèce particulière de la race habitant la Chine caractérisée par un petit nombre de barres sur la queue et les ailes. Hume déclare qu'il a examiné de nombreux échantillons du Ténasserim, du Pégu et de l'Himalaya, et qu'il lui est impossible d'accepter une différence spécifique provenant du nombre des barres comme l'indiquait Blyth (1867. *Ibis*. *p*. 313). Il regarde l'**A. Whiteleyi** et l'**A. cuculoïdes** comme une seule espèce. A. David dit que les Chinois sont loin de regarder son chant comme celui d'un oiseau sinistre.

30. **Retupa ceylonensis** (Gmelin).

Strix Zeylonensis. Gm. 1788. — **S. Hardwickii**. Gray, 1830. — **S. Leschenaulti**. Tem, 1824. **R. ceylonensis**. Jerdon, 1864. B. of. Ind., p. 133. — Sharpe, 1875. Cat of. Strig — Hume, 1875. Str. feath p. 38 (Pégu). — David et Oustalet, 1877. Ois. Chine, p. 40.

Ann. *Con dù dì* (ou *dũ dĩ*). Camb. *Kûk*.

Ce grand duc est remarquable par ses habitudes, car il se nourrit surtout de poissons et de crabes. Il n'est pas rare en Cochinchine dans tous les endroits boisés et je l'ai vu à *Trà vinh* aussi bien qu'a *Thù dầu một* et à *Tây ninh*. Il est de la taille du **Bubo maximus** et ses ongles sont aussi longs que ses doigts.

Hab. Indo-Chine, Inde, Chine méridionale.

En Malaisie, il est remplacé par le **R. Javanensis** (Lesson) et dans l'Himalaya par le **R. flavipes** (*Hodgson*).

31. **Scops stictonotus** (Sharpe).

S. Bakkamena. Swinhoe, 1860. Ibis, p. 47. — **S. Japonicus** Swinhoe, 1863. — A. David, 1871. Ann. muséum VII. — **S. stictonotus**. Sharpe, 1875. — Cat. of. Strig. — A. David et Oustalet, 1877. Ois. Chine, p. 42.

Ann. *Con hù*. Camb. *Titûi*.

J'ai tué à *Trà vinh* plusieurs Scops à dos tacheté. Mouhot l'avait recueilli au Cambodge (*British museum*).

32. **Lempijus umbratilis** (Swinhoe).

Ephialtes umbratilis Swinhoe, 1870. Ibis p. 342.— **E. lettia**. Swinhoe, 1870. Ibis, p. 88. — **L. umbratilis** Swinh., 1871. Pr. Z. S., p. 344. — A. David et Oustalet, 1877. Ois. Chine, p. 43.

Je n'ai pas rencontré cet oiseau. M. Oustalet dit que plusieurs des oiseaux envoyés de Cochinchine au Muséum de Paris paraissent se rapporter à cette race de Lempijus qui a été décrite d'après des spécimens d'*Haï-nam*.

Hab. Cochinchine, Haï-nam.

33. **Syrnium Seloputo** (Horsfield).

S. seloputo. Horsfield, 1822. — **S. pagodarum**. Temm., 1823. — **S. seloputo**. Hume, 1875. Str. feathers, p. 37 (Pégu). — 1878. Str. f., p. 28. Ténasserim.

Ann. *Con chim Hù*. Camb. *Kût*.

Ce chat-huant, le plus beau peut-être des rapaces nocturnes, a un cri tout particulier parfaitement décrit par Davison. Il est commun dans tous les bois de Diptérocarpées environnant les pagodes à *Trà vinh*, à *Biên hòa*, à *Thù dầu một* et à *Tây ninh*, et j'ai pu l'entendre souvent, mais le tuer une seule fois.

Hab. Cochinchine, Malaisie, Ténasserim (rare, Davison). Rangoon (Oates). Thayet-Myo (Feilden). Assan (Irwin).

34. **Phodilus badius** (Horsfield).

Strix badius. Horsfield. — **P. badius**. Blyth, 1867. — Hume, 1875. Str. f., p. 37. — 1878. Str. f., p. 27.

Je n'ai pu voir qu'un seul exemplaire de cet oiseau qui ne paraît pas commun en Cochinchine — (à *Trà vinh*).

Hab. Malaisie, Pégu (Oates). — Ténasserim (Blyth).

On rangeait habituellement le genre Phodilus créé par Is. Geoffroy parmi les Strigidès ; mais l'examen du squelette a prouvé à M. Alph. Milne Edwards (*C. rend. Acad. sc. Décembre* 1877.) qu'il se rapproche du genre Syrnium et doit être placé parmi les Bubonidès.

35. **Strix flammea** (Linné).

S. flammea. Linné. — **S. javanica**. Gmelin. — **S. flammea**. Var. Sharpe, 1875. Cat. of. Strig. — Hume. Str. f., 1878, p. 26.

Ann. *Con chìm Heo*. — Camb. *Klêng serak. Mîhm.*

D'après l'excellent ouvrage de Sharpe, les Effrayes d'une grande partie du monde comme **S. Javanica** (*Malaisie*). **Str. indica** (*Inde et Indo-Chine*), **Str. Rosembergi** (*Célèbes*), **St. delicatula** (*Australie*), **Str. Tulu** (*Océanie*), **St. poensis** (*Afrique méridionale*), **Str. pratincola** (*Amérique septentrionale*), etc., ne formeraient qu'une seule et même espèce, le **Str. flammea** de Linné. Les nombreux échantillons que j'ai observés en Cochinchine ne me paraissent pas séparables de ceux de France.

36. **Strix candida** (Tickell).

S. candida. Tickell., 1833. J. A. Soc., p. 572. — Jerdon, 1864. B. of. Ind., p. 118. — **S. pithecops**. Swinh, 1866. Ibis, p. 396. — **S candida**. A. David. Oustalet, 1877. Ois. Chine, p. 46. — Hume, 1878. — Str. feathers, p. 27.

Ann. *Con chim Heo trắng.*

J'ai trouvé cette effraye blanche dans les grandes clairières de *Srok tranh*. Jerdon observe qu'elle vit exclusivement dans les hautes herbes sans fréquenter les bois et sans s'approcher des habitations.

Hab. Indo-Chine, Inde, Philippines, Formose (Sud) et Australie du Nord.

Psittacidés.

37. **Palœornis magnirostris** (Ball).

P. Alexandri (pars). Lin. — **P. magnirostris**. Ball., 1873. Str. feathers, p. 60. — Hume, Str. f., 1875, p. 55. (Birmanie.) — 1878, p. 117 (Ténasserim).

Ann. *Con Sít*. Camb. *Sék ièar*. Siamois. *Nock Kac-oh*. (Schomburgk.)

Cette grande et belle perruche à collier rose habite toutes les grandes forêts de la Cochinchine et du Cambodge. Elle est très sauvage et ne s'approche jamais des régions habitées ou dépourvues de grands arbres. Elle vole très haut avec rapidité et son cri est beaucoup plus doux que celui du **P. lathami.** Elle est commune dans les forêts de *Bà ria*, *Biên hòa Thủ dầu một*, *Tây ninh* et *Châu đốc.*

Hab. Indo-Chine.

Le **P. Alexandri** de Linné a été divisé en trois espèces par Bell; les **P. sivalensis, nepalensis** et **magnirostris.** La race de la Cochinchine présente les caractères de cette dernière race : l'étroitesse du trait noir mandibulaire, l'absence complète de teinte grise sur la face et la nuque, enfin la couleur jaune pâle de la base de la poitrine.

38. **Palœornis torquatus.** (Boddaert).

Psittacus torquatus. Boddaert, 1783. — Jerdon, 1864. B. of. Ind., 1, p. 257. — Hume et Davison, Str. feath, 1875, p. 56. — 1878, p. 118.

Ann. *Con Sit.* Camb. *Sék iéar.*

Cette belle perruche est un peu plus petite que la précédente, son collier rose est plus étroit et elle n'a pas de tache rouge à l'épaule. Elle habite la même région forestière que la précédente et est tout aussi commune.

Hab. Indo-Chine, Inde, Ceylan.

Une espèce africaine, **P. docilis,** (Gray), très-voisine sinon identique, est souvent apportée en France.

39. **Palœornis cyanocephalus** (Linné).

Psittacus cyanocephalus. L. 1766. — **P. rosa.** Boddaert, 1783 (pars). — **P. bengalensis.** Bourjeot, 1837, pl. I. — **P. cyanocephalus.** Finsch, 1868. Papag. II, p. 40. — Gould. B. of. Asia. Liv. XXVI. — A. David et Oust., 1877. Ois. Chine, p. 3. — Hume, 1878. Str. feathers, p. 118.

Ann. *Con Keo.* Camb. *Sék.*

Cette superbe perruche à tête rose habite toutes les forêts de la Cochinchine et y est commune, On la trouve souvent en captivité chez les Annamites.

Hab. Indo-Chine, Chine méridionale, Assam, Sikkim, Népaul.

Cette espèce est très-voisine du **P. purpureus** (Mull), (**P. rosa** *Bodd pars*) et s'en distingue par la couleur verte de la face interne de l'aile (bleue dans l'oiseau de l'Inde). La femelle a la tête bleu de lavande, le tour du cou marqué de jaune-vert sans collier noir. — Le jeune a la tête verte et manque du miroir rouge sur l'aile.

40. **Palœornis Lathami** (Finsch).

Psittacus erythrocephalus-var. P. borneus. Gmelin, 1788. — **P. javanicus.** Jerdon, 1864. B. of. Ind. 1, p. 262. — **P. Lathami.** Finsch, 1868. Papag. 11, p 66 (comprenant **P. Javanicus** (Osbeck) et **P. vibrisca** (Blyth). — **P. fasciatus.** Mull. — **P. melanorhynchus.** Wagl.

Ann. *Con Kẹc* (ou *Két*). Camb. *Sék ăt.* Siamois. *Nock Kang mong* (Schomburgk).

Ce beau perroquet est extrêmement commun dans toute la Cochinchine, dans les forêts et les jardins. Le mâle a la mandibule supérieure rouge et l'inférieure noire ; la femelle a les deux mandibules noirâtres **P. nigrirostris** (Hodgson) et **P. Melanorhynchus** (Wagler). Le miroir alaire est jaune et non rouge, comme l'a écrit Jerdon. Les jeunes, mâles ou femelles, ont les deux mandibules rouges et les joues roses.

Hab. Indo-Chine, Chine-méridionale (?), Hainam (Swinhoe).— Java et la région Himalayenne de l'Inde (manque dans l'Inde centrale).

41. **Palœornis longicauda.** (Boddaert).

Psittacus longicaudatus. Bodd., 1783. — **P. malaccensis** et **P. affinis.** Gould. B. of. Asia. Liv. X. — **P. modestus.** Frases. — **P. viridimystax.** Blyth, 1856.

Cette jolie perruche distinguable à la large bande rose-lilas encadrant la calotte verte du sommet de la tête ne paraît pas être commune en Cochinchine. Je n'en ai vu qu'un seul exemplaire adulte (à *Basé* près de *Trà vinh*).

Hab. Presqu'île de Malacca, Sumatra, Bornéo, Krouang si (?).

42. **Coryllis vernalis** (Sparrman).

Psittacus vernalis. Sparrman, 1787. — **P. indicus.** Kuhl, 1820. — **Loriculus vernalis.** — Jerdon, 1864. B. of. Ind. 1, p. 265. — **Coryllis vernalis.** Finsch, 1868. Die Papageien, 11, p. 721.

Ann. *Con manh vũ*, (ou *manh võ*). *plus correctement*, *anh vũ* et *anh võ. qui représentent les sons des deux caractères chinois désignant cet oiseau.* Camb. *Sék sõm.*

Ce charmant petit lori, remarquable par ses mœurs sociables et douces, est commun dans toutes les parties boisées du Nord et de l'Est de la Cochinchine, mais il manque dans les arrondissements bien cultivés du centre et du sud. Ce genre représente en Asie et en Malaisie, les Psittacules d'Amérique, et les Trichoglosses d'Australie.

Hab. Indo-Chine, Assam, Bengali, Chine méridionale (rare. A. David).

Les espèces affines sont le **C. indicus** *de Ceylan* qui diffère par une tache rouge sur la tête, et le **C. galgulus.** *de Malacca*, *Sumatra*, *Borneo*, — qui a une tache bleue sur la tête et la gorge rouge avec le bec noir.

43. **Psittinus incertus** (Shaw).

Ps. incertus. Shaw, —Tweedale, 1877. Ibis, p. 283. — Hume et Davison, 1878. Str. feath, p. 120. — Sharpe, 1878. — Ibis, p. 415 (Bornéo).

Ann. *Con kẹo* — Camb. *Sék Sõm.*

Ce petit perroquet a l'aspect d'un Palœornis avec une queue courte comme le dit Jerdon. Les exemplaires que j'ai tués à *Srok Kranh* étaient tous des mâles et avaient la tête bleu-lavande, la mandibule supérieure du bec orangée, et la mandibule inférieure couleur de corne, Longueur de 20 à 22 centimètres. Il vit en troupes comme les loryllis.

Hab. Cochinchine, Péninsule malaise, Ténasserim (Hume), Sumatra (Buxton à Lampong), Bornéo (Werett).

Picidès.

44. **Picus analis** (Horsfield)

P. analis. Horsfield, 1822. — **P. pectoralis**, Blyth, 1846. J. A. Soc, p. 15. — Hume, 1873. Str. feath, p. 37. — 1875. p. 57 (Pégu). — 1878, p. 183, Ténasserim.

Ann, *Con Gô Kiến* Camb. *Sâ Sêh.*

C'est le plus commun des Pies de Cochinchine et il habite les jardins et les bosquets aussi bien que les forêts.

Hab. Indo-Chine, Java.

Ses alliés sont le **P. Atratus** (Blyth). du Ténasserim, et le **P. Macei** (*Vieillot*) du bassin du Gange et du Brahmapoutra. Ces deux pies ont les rectrices centrales noir pur sans les bandes blanches de l'oiseau de Cochinchine.

45. **Yungipicus canicapillus** (Blyth).

Picus variegatus. Lath. apud Wagler, 1827 (nec Lath.). — **P. bicolor**. Gmel. apud Wagl. (nec Gmel.).—**P. molluccensis**. Tem. 1838.—**P sondiacus**. Wall. (apud Gray 1870). — Tweedale, 1877. Ibis, p. 290. — **P. fuseoalbidus**. Salvadori, 1874, Uccelli di Borneo. **Yungipicus canicapillus**. Blyth, 1845. Jour. As. Soc. Bengale, p. 197. — Hume et Davison, 1878. Stray feathers, p. 125.

Ann. *Con Gô Kiến nhỏ.*

Cette espèce de petite pie habite les grandes forêts de la Cochinchine. Je l'ai trouvée *à Tra sang*. L'oiseau de Cochinchine a toutes les rectrices tachées de blanc.

Hab. Cochinchine, Péninsule malaise, Ténasserim, Birmanie, Java, Sumatra, Bornéo.

Ses plus proches voisins, sont le **P. nanus** (Vigors), de l'Inde, qui a la tête brun-jaunâtre et le **P. Gymnophtalmos** (Blyth) de Ceylan et du Malabar, qui a toutes les parties inférieures blanc plus ou moins jaunâtre sans stries.

46. **Meiglyptes tristis** (Horsfield.)

M. tristis Horsfield. 1822. — Hume. Str. feath. 1878, p. 131.

J'ai tué un seul exemplaire de cet oiseau à *Tra sang* dans le nord de la province de *Tây ninh*.

Hab. Cochinchine, Péninsule malaise, Malaisie.

Le **Meigliptes Jugularis** (Blyth), de la Birmanie, et le **M. Pectoralis** de la Malaisie, sont des espèces affines.

47. Chrysocolaptes Sultaneus (Hodgson.)

Picus sultaneus. Hodgson. — **P. guttacristatus.** Tick. **Chrys. sultaneus.** Jerdon, 1864. B. of. Ind. 1, p. 284. — Hume. Str. feath, 1875, p. 64. — Hume et Davison. 1878. Str. f., p. 133.

Ann. *Con Mỏ Riền.* ou *Gỏ Riền vàng.* — Camb.. *Jasêh.*

Ce magnifique oiseau est commun dans toutes les forêts. Je l'ai tué à *Suối nước* (ardt. de *Saigon*) *Dồng lách* (*Biên hòa*) *à Srok Kranh*, *à Tra sany* (*Tay ninh*), etc.

Hab. Indo-Chine, Inde (Nord).

Le Chrys. Delesserti (Malherbe) du sud de l'Inde n'est pas nettement distinct.

Le Chrys. Strietus (Horsf.) de la Malaisie est très voisin (la femelle a la tête jaune d'or.)

48 Mulleripicus pulverulentus (Temminck.)

Picus pulverulentus. Tem. pl. col. 389. — Jerdon, 1864. B. of. Ind. 1. p. 284, Hume et Davison, 1878. Str. feath, p. 133.

Ann. *Con Gỏ Kiền lớn.*

Ce Pic est le plus grand des pics connus en Asie. Il habite les grandes forêts et je ne l'ai rencontré qu'une seule fois à *Bảo lông* au Nord de la province de *Thủ dầu một.*

Hab. Indo-Chine, Indo-Malaisie, Inde (Dehraddoon et Djarjelling).

49. Thriponax Sp?

J'ai vu dans la forêt de *Bảo long* (*Thủ dầu một*) un autre grand pic complètement noir, sauf la tête rouge écarlate qui est indubitablement un **Thriponax.** Mais comme je n'ai pu m'en emparer, l'espèce reste douteuse, et je ne puis dire si c'est le **Thriponax Crawfurdi** (*Gray*) ou le **Thr. Javensis** (*Horsfield*) qui se rencontre en Cochinchine.

50 Gecinus erythropygius (Elliot.)

G. erythropygius. Elliot, 1865. Nouv. Arch. muséum. T. I. p. 77. — Bulletin pl. III, fig. 1. **G. nigrigenis.** Hume, 1874. Str. feath, p. 244 et 471 (note). — Hume et Davison, 1878. Str. f. p. 136.

J'ai tué à *Srok tranh* deux mâles de ce magnifique Pic vert qui se distingue de tous les Gécinus par son croupion rouge vermillon, ainsi qu'une femelle, à *Suối nước.* Dans les deux cas, j'ai trouvé cet oiseau habitant les fourrés de grands bambous épineux, et mon observation personnelle est en conformité avec celle de Davison au Ténasserim concernant le *G. Nigrigenis* de Hume, qui paraît être le même oiseau. Le spécimen type de la description d'Elliot provenait de la Cochinchine, d'où il avait été envoyé par le commandant Bousigon et non de Siam, comme Hume le dit par erreur.

Hab. Cochinchine, Cambodge, Ténasserim (?).

51 **Gecinus vittatus** (Vieillot).

G. vittatus. Vieillot-Malherbe, 76, pl. 5-6. — Hume, Str. feath, 1875, p. 69. Birmanie. Hume et Davison, 1878. Str. feath. p. 136 (Ténasserim).

Ce pic est assez commun dans toutes les provinces boisées, mais il vient jusque dans les jardins. Il se distingue du **G. Striolatus** (Blyth) par sa taille plus grande et par une bande gris-brun, semée de petits traits noirs au-dessus de la mandibule inférieure du bec. Le menton et la gorge n'ont pas de stries. La poitrine est blanchâtre taché d'olive.

Hab. Cochinchine, Birmanie, Ténasserim (très commun), Péninsule malaise (au N. de Pakchan).

52. **Micropternus brachyurus** (Vieillot).

Meiglyptes brachyurus, Vieillot, 1818. N. Dict. XVI. p. 103. Java. — **Micr. brachyurus.** Hume, 1877. Str. f., p. 473. — 1878. p. 145. — **M. badius.** Raffles, 1821. Tr. Z. Soc. XIII, p. 289 (Sumatra). — **M. Fokiensis.** Swinhoe, 1863. P. Z. S., p. 87. Fokien. **M. squamigularis.** Sundewall, 1866. Consp. av. Pic, p. 89.

Le Pic brun à raies noires habite les forêts épaisses de la Cochinchine. Je l'ai tué à *Tra sang* (*Haut Vaïco*). Hume, dans sa révision du genre Micropternus distingue quatre espèces : le **M. Phaioceps** (Blyth) Inde. — **M. Gularis** (*Jerdon*) ; **M. Brachyurus** (Vieil.) et **M. Badiosus** (*Tem*) *Bornéo*. — Swinhoe avait décrit comme distincte l'espèce d'*Huï nam* sous le nom de **M. Holroydi.** Je n'ai pu comparer les Pics bruns de Cochinchine avec un nombre suffisant d'autres Micropternus pour déterminer exactement leur place dans la série, et je leur applique provisoirement le nom de **M. Brachyurus** sur la description de Hume.

Hab. Cochinchine, Péninsule malaise, Ténasserim, Java, Sumatra, Penang.

Davison dit l'avoir rencontré dans les régions découvertes. Je ne l'ai vu que dans la forêt

53. **Tiga Javanensis** (Lyungh.)

T. Javanensis. Lyung, 1797. — **Brachypternopicus rubropygialis.** Malh. **T. intermedia.** Blyth. — **Tiga Javanensis.** Hume, 1878. Str. feathers, p. 146.

Ann. *Con Mô Kiên* ou *Gô Kiên Vàng.*

Ce beau pic doré a le plumage de teintes aussi riches que les Chrysocolaptes ; mais il est bien plus petit, et n'a que trois doigts. Il est très commun dans toutes les forêts. Je l'ai tué à *Suôi nước*, *Tây ninh*, *Baphnŏm* (*Cambodge*) *Bảolông*, etc.

Hab. Indo-Chine, à partir de l'Himalaya, Malacca, Sumatra, Java (Tweedale).

54. **Megalæma Lagrandieri** (Verreaux).

M. Lagrandieri. J. Verreaux, N. Arch. Mus. P. T. IV, p. 87.

Cette grande espèce de Barbet a été envoyée de *Bà ria* au Muséum de Paris par M. Pierre. Elle habite les forêts des montagnes.

Hab. Cochinchine.

Les espèces affines sont le **M. virens** (Boddaest) de la Chine méridionale et le **M. Marshallorum** (Swinhoe) de l'Inde.

55. Megalæma lineata (Vieillot).

Bucco lineata. Vieillot. **M. Hodgsoni**. Bp. — **M. lineata**. Jerdon, 1864. B. of. Ind. 1. p. 309. — G. H. et G. F. Marshall, 1870-71. Mon. of. Capit. — Hume, 1878. Str. feath., p. 151.

Ann. *Con Dùi cốt* (*Dù di cốt*).

Ce grand Barbet vert au cri très-rauque et très-fort habite toute la région boisée. Marshall regardait l'oiseau décrit par Vieillot comme distinct du **M. Hodgsoni** par sa taille (aile 11 c. 3 au lieu de 13 à 14) et son front brun et non blanchâtre. Mais l'examen des spécimens que j'ai recueillis en Cochinchine, qui ont le front brun et l'aile de 11 c. 5 à 12 c. 5, vient à l'appui de l'opinion de Hume, qui regarde les deux espèces comme inséparables.

56. Megalæma phaiostictus (Temminck).

M. phaiostictus, Tem. pl. col. 527.

Temminck donne cet oiseau comme originaire de la Cochinchine. Je n'ai pu le voir ailleurs que sur la planche coloriée de cet auteur.

57. Megalæma hæmocephala (Mull.).

Bucco hæmocephala. Mull. — **B. indica**. Lath. — **B. Philippensis**. Sykes. — **B. flavicollis**. Viel.. — **Xantholæma indica**. Jerdon, 1862. B. of. Ind. p. 315. — **X. hœmocephala**. Hume, 1878. Str. f., p. 155.

Ann. *Con chim Ruồng cốt* ou *Thầy chùa*. Camb. *Pŏltŏhk*.

Le Barbet à front et à poitrail cramoisi est commun dans toutes les parties de la Cochinchine où il y a des arbres, et on est sûr de le rencontrer sur tous les banians qui ont des fruits.

Hab. Indo-Chine, Inde (non dans l'Hymalaya), Sumatra (Tweedale).

Ses plus proches voisins sont le **X. Philippensis** (Gim. des Philippines, un peu plus grand, et le **X. Rafflessi** (Boil) de Sumatra.

58. Megalæma cyanotis (Blyth).

Cyanops cyanotis. Blyth. — **Xantholæma cyanotis**. Hume, Str., feath., 1875, p. 77. — 1878, p. 155.

Ann. *Con chim Chàng làng*. *Thầy chùa*.

Le Barbet à gorge bleue est commun à *Thù dầu một*, vers la fin de la saison sèche sur tous les Ficus. C'est le seul point où je l'aie pu observer et encore pendant un mois seulement. Davison dit en parlant de cet oiseau au Ténasserim : « I have always met with it singly » (j'ai l'ai toujours rencontré **seul**). Je ne puis que contredire Davison sur ce point. A *Thù dầu một*, ces oiseaux vivaient en grandes troupes sur les banians, et sur le même arbre j'ai pu tuer des mâles, des femelles et des jeunes. Je suis parfaitement d'accord avec Davison pour le reste de son observation et le cri de ce Barbet rappelle bien plus celui du **M. lineata**, que celui du **Xantholæma hæmocephala**.

Hab. Cochinchine, Siam, Ténasserim, Birmanie.

A Singapore, à Malacca et à Sumatra, habite une race très-voisine, si elle est distincte, le **M. Duvaucelii** (*Lesson*), qui diffère par la teinte rouge de la face moins rosée, les couvertures des oreilles grisâtre ou vert noirâtre (et non bleu turquoise), par la bande noire distincte de sa gorge, et quelques autres points.

59. **Rhopodytes tristis** (Lesson).

Melias tristis. Lesson, 1831. Trait. d'Ornith, p. 49. — **L. tristis**. Jerdon. 1864. B. of. Ind. 1, p. 345. — Swinhoe, 1870, Ibis, 234 — Hume, Str. feath., 1875, 83. — **Rhop. tristis**. — Hume, 1878, Str. f., p. 62.

Ann. *Con chin Phướng*. Camb. *Rontép tông kâncray*.

Ce bel oiseau, à longue queue remarquable par son bec vert-pomme et l'espace rouge sans plume entourant l'œil, est extrêmement commun en Cochinchine. Je l'ai vu partout. Il m'est impossible de trouver rien d'absolument mélancolique dans son cri qui lui a valu le nom donné par Lesson.

Hab. Indo-Chine, Bengale, Inde centrale, Haïnam (Swinhoe).

60. **Rhopodytes Diardi** (Lesson).

Melias Diardi. Lesson, 1831. — **Rhop. Diardi**. Hume, 1878. Str. f., p. 162.

Ann. *Con chim Phướng rừng*.

Cet oiseau, beaucoup plus petit que le précédent, est bien plus rare. Je ne l'ai tué qu'à *Srok tranh* dans la forêt.

Hab. Cochinchine, Péninsule malaise, Mergui, Sumatra (Lampong).

61. **Centropus sinensis** (Steph.).

Polophilus sinensis. Steph., 1815. — **C. sinensis**. Swinh., 1861. Ibis, p. 49, — A. Dav. Oustalet, 1877. Ois. Chine. p. 58. — **C. intermedius**. Hume, Str. feath., 1878, p. 168.

Ann. *Con Bìm bịp*. Camb. *Aaut*. Siamois *Nockbudh* (Schomburgk).

Ce grand coucou ou coucal, le coq des pagodes des Européens, habitant la Cochinchine est très commun partout, dans les jardins aussi bien que dans la forêt clairsemée ; mais on ne le trouve pas dans les forêts épaisses.

Hab. Cochinchine, Cambodge, Siam, Ténasserim, Birmanie, Chine méridionale (jusqu'au Tché kiang), Haïnam ; — on ne l'a pas vu à Formose.

Les jeunes ont tout le corps noirâtre rayé de roux plus ou moins foncé. L'oiseau adulte a le dos et le dessus des ailes d'un roux vif et la queue avec des reflets verts. Les espèces voisines sont le **C. rufipennis** (Illiger) de l'Inde, le **C. maximus** (Hume) du Sindh et du Sikkim, et le **C. eurycereus** de Malacca et du sud-est de Sumatra (Tweedale). Enfin le **C. acheenensis** (Hume) du nord-ouest de Sumatra.

62. Centropus bengalensis (Gmelin).

Cuculus bengalensis. Gm., 1788. — **Cent. dimidiatus.** Blyth, 1842. — **C. viridis.** Jerdon. B. of. Ind. 1864. p. 350. — **C. bengalensis.** — Hume, Str. feath. 1878, p. 171.

Ann. *Con Bìm bịp cóc.*

Ce coucal, bien plus petit que le coq des pagodes, habite les clairières herbeuses des forêts et non les bois et les jardins. Je l'ai tué sur la route de *Srok tranh.*

Hab. Indo-Chine, Inde (assez rare), Chine méridionale, Haïnam, Formose.

Il serait remplacé à Malacca par le **C. Javanensis** (*Dumont*) de Java, Borneo et les Célèbes (Voir *marquis de Tweedale. Transact. Zool. Soc.* VIII. *p.* 58.)

63. Eudynamis malayana (Cabanis).

Cuculus maculatus. Gm., 1788. — **E. Malayana.** Cab. et Heine, 1862. — Swinh., 1871. Pr. Z. S., p. 394. — Hume, Str. f., 1875, p. 82. — 1878, p. 162. — **E. maculata.** Arm. David et Oustalet, 1877. Ois. Chine, p. 60.

Ann. *Con chim Tù hú* (le mâle). *Tù hú răng* (la femelle), ou bien *Tù hù.*

Ce grand coucou noir est très commun dans toute la Cochinchine, partout où il y a de grands arbres, surtout des banians. La femelle est bronzé verdâtre avec des marques brunes et blanches.

Hab. Cochinchine, Indo-Chine, Chine méridionale, Haïnam.

Lord Walden, en 1875, a reconnu 6 espèces d'Eudynamis très-rapprochées les unes des autres. L'espèce de Cochinchine diffère peu des oiseaux des Philippines **E. mindanensis** (L.) Tous les Eudynamis ont des mœurs analogues et déposent leurs œufs dans les nids des corbeaux et Acridothères.

64. Coccystes coromandus (Linné).

Cuculus coromandus. L., 1760. — **Cocc. coromandus.** Jerdon, 1864. B. of, Ind. p. 341. — A. Dav. Oustalet, 1877. Ois. Chine, p. 61. — Hume, Str. feath, 1878. p. 162.. — Sharpe. Ibis, 1878, p. 414 (Bornéo).

Ce coucou geai remarquable par son plumage noir métallique avec un demi-collier blanc et des ailes rousses, ne se rencontre en Cochinchine que dans les grandes forêts. Je ne l'ai tué qu'à *Srok tranh.*

Hab. Cochinchine, Ténasserim (très rare, Davison), Thayet myo (très commun Feilden); d'une façon générale, région Indo-Chinoise.

65. Surniculus lugubris (Horsfield).

Cuculus lugubris. Horsf., 1822. — **Beudornis dicruroïdes**. Hodgs, 1839. J. As. S. Beng, 136. — **Sur. dicruroïdes**. Jerdon, 1864. B. of. Ind., p. 336. — A. Dav. Oust., 1877. Ois. Chine, p. 61. — Tweedale. Ibis, 1877, p. 283. Sumatra. **Surn. lugubris**. Hume, 1878. Str. f. p. 159. — Sharpe, 1878. Ibis, p. 414.

Ce coucou noir est remarquable par sa ressemblance avec les Drongos en compagnie desquels je l'ai trouvé à *Trà vinh*.

Hab. Indo-Chine, Indo-Malaisie, Inde, Chine méridionale.

66. Cacomantis threnodes (Cabanis).

C. threnodes. Cabanis, 1862. Mus. Hein., IV, p. 19, — **Polyphasia rufiventris**. Jerdon, 1872. Ibis, p. 15. — **C. threnodes**. Hume, 1878. Str. f., p. 158.

Ann. *Con Chăng vịt*.

Ce petit coucou est très commun en Cochinchine, dans les bois et les jardins. Son plumage est variable suivant l'âge, comme celui des autres coucous.

Hab. Cochinchine, Indo-Chine, Malacca, Chine méridionale.

Le **C. Merulina** est très-voisin sinon identique. Le nom de « **tenuirostris** (Gray) *apud Jerdon B. of. Ind.* 1 *p.* 335, doit s'appliquer au **C. nigra** (Blyth).

67. Chrysococcyx malayanus (Raffles).

Trogon maculatus. Gm. — **Ch. Hodgsoni**. Moore. — **Ch. Hodgsoni**. A. Dav. Oust., 1877. Ois. Chine, p. 62. — Gould. B. of. Asia. Livr. xxx. **Lamprococcyx maculatus**. Tweedale. Ibis, 1876, p. 346. — **L. maculatus**. Hume, Str. f., 1878, p. 161. **L. malayanus**. Raffles, apud Hume, Str. f., 1878. Append., p. 503.

Ce magnifique coucou vert métallique à l'état adulte, verdâtre barré de jaune chez le jeune, est le plus petit coucou de l'Asie. Il est commun dans toutes les parties boisées de la Cochinchine.

Hab. Cochinchine, Ténasserim (collines centrales), Arakan, Inde, Chine (Setchuen).

Il m'est impossible de placer exactement le coucou vert de Cochinchine dans la série représentée par le **C. lucidus** (Gould), de l'Australie, le **C. basalis** (Horsf) de Java et le **C. Malayanus** (Raffles) de Sumatra et Malacca. En tous cas, je ne puis le rapporter exactement à la figure donnée par Gould dans les oiseaux de l'Asie.

68. Chrysococcyx xanthorhynchus. (Horsfield).

Cuculus xanthorhynchus. Horsfield. — **Chr. xanthorhynchus**. Hume, 1874, Str. f., p. 191. — Gould. B. of. As. Livr. xxx. — Hume, 1878, Str. f. p. 161.

Ce magnifique oiseau est d'un violet améthyste à reflets brillants. Il habite la forêt. J'ai pu me le procurer à *Srok kranh* et aussi à *Thủ dầu môt*, où j'en ai vu un exemplaire tué par M. Navelle, administrateur.

Hab. Cochinchine, Malaisie, Ténasserim et Birmanie (extrêmement rare).

69. **Cucullus micropterus** (Gould).

C. micropterus. Gould, 1837. Pr. Z. S., p. 137. — Jerdon, 1864. B. of. Ind., p. 326. — A. Dad. Oust., 1878. Ois. Chine, p. 61. — Hume. Str. f., 1878, p. 156.

Ce coucou est reconnaissable à la bande subterminale du dessous de ses rectrices. Son chant est remarquable. A. David l'a noté par les quatre notes : la, sol, sol, mi. Je l'ai tué à *Suối nước* et le Dr Morice l'a envoyé de *Quí nhơn*.

Hab. Indo-Chine, Inde, Chine méridionale.

Caprimulgidés

70. **Caprimulgus monticola** (Frankland).

C. monticolus. Frankland, 1831. Pr. Z. Soc., p. 116. — Jerdon, 1864. B. of. Ind., p. 198. — A. Dav., Oust., 1877. Ois. Chine, p. 67. — Hume, 1878. Str. feath. p. 59.

Ann. *Con Đáp muỗi.* Camb. *Prâ pléahk.*

Cet engoulevent, à teintes plus uniformes que ses congénères, se distingue par ses rectrices externes blanches et ses tarses déplumés. Je l'ai trouvé à *Thủ dầu một*, *Saigon* et *Trà vinh*.

Hab. Indo-Chine, Inde, Chine méridionale.

71. **Caprimulgus Jotaka** (Tem et Schleg).

C. jotaka. Tem et Schleg. F. Japonica, p. 37, pl. 12. — **C. dytiscivorus.** Swinh., 1860. Ibis, p. 130. — A. Dav. Oust., 1877. Ois. Chine, p. 67. — Hume, 1878. Str. f., p. 56.

Ann. *Con Đáp mủoi rừng.*

Cet engoulevent se rencontre communément dans toutes les forêts : je l'ai rapporté de *Srok tranh* (d'Elbée), de *Dồng làck* et de *Baô lông*. Toutes les rectrices, sauf les médianes, ont une tache blanche subterminale.

Hab. Cochinchine, Indo-Chine, Chine méridionale.

Voisin de **C. indicus** (Latham) de l'Inde.

72. **Caprimulgus macrourus** (Horsfield).

C. macrourus. Horsfield, 1822. — Gould. B. of. Austr. 2, pl. 9. — Jerdon, 1864. B. of. Ind., p. 195. Hume, Str. feath., 1875, p. 46. — 1878, p. 58.

Cet engoulevent est le plus commun à *Trà vinh*, je ne l'ai vu ni à *Saigon* ni à *Thủ dầu một*. Les deux rectrices médianes sont tachées de blanc et les tarses sont emplumés.

Hab. Indo-Chine, Malaisie, Australie, Bengale (rare).

Il est voisin du **C. Albonotatus** (Tick), de l'Inde, qui est de plus grande taille.

Cypselidés

73. Cypselus infumatus (Sclater).

C. infumatus. Sclater, 1865, Pr. Z. S. — **C. tinus.** Swinhoe, 1870. — **C. infumatus.** Hume, 1875. Str. f., p. 44. — A. Dav. Oustalet, 1877. Ois. Chine, p. 70. — Hume et Davison, 1878, Str. f., p. 48.

Ann. *Con En thóc lóc.*

Ce martinet, voisin du **C. batassiensis** (*Inde*) fréquente comme lui les palmiers du genre Borassus (*B. flabelliformes*).

Hab. Indo-Chine, Bornéo, Haïnam.

74. Cypselus subfurcatus (Blyth).

C. subfurcatus. Blyth. J. A. S. B. XVIII, p. 807. — **C. leucopygialis,** Cass., 1851. — **C. subfurcatus.** Hume, 1874. Str. f. p. 524. — A. Dav. Oust. 1877. Ois. Chine, p. 69. — Hume et Davis, Str. f., 1878. p. 47.

Ce petit martinet diffère du **C. affinis** de l'Inde par une teinte plus noire et une queue plus allongée.

Hab, Cochinchine, Indo-Chine, Chine méridionale, Malaisie.

75. Cypselus pacificus (Latham).

Hir. pacifica. Lath. 1790. — **C. vittatus.** Jard. Ill. orn. S. 2. pl. 39. — **C. pacificus.** Swinhoe. Ibis, 1870. — Hume, 1875. Str. f., p. 43. — A. Dav. Oust. 1877. Ois. Chine, p. 69.

Ce martinet est le remplaçant du **C. melba** d'Europe et Asie orientale.

Hab. Indo-Chine, Chine, Malaisie, Australie.

76. Chœtura Cochinchinensis (Oustalet).

C. Cochinchinensis. Oustalet. Bull. Soc. Philom. de Paris. 8 décembre 1877.

La description a été faite d'après une femelle tuée en 1864 par M. Germain aux environs de *Saigon*. Cette espèce est voisine du **Ch. caudacuta** (*Lutz*), et **Ch. gigantea** (*Tem*), dont elle diffère par sa taille plus petite (18 c. au lieu de 21) ; la couleur noir-bleuâtre à peine nuancé de vert du dessus des ailes (au lieu de vert bronzé), — la couleur gris de fumée pâle de la gorge et noir du front (au lieu de blanc pur).

Hab. Cochinchine.

Le **Ch. caudacuta** est de l'Australie orientale et de la Tasmanie, visitant parfois l'Himalaya et la Chine. Le **Ch. gigantea** est de l'Inde et de la Malaisie.

77. **Collocalia linchi** (Horsfield).

Hir. linchi. Horsf. Lin. Trans. XIII, p. 143. — **H. fuciphaga.** Thunberg. — Apud Blyth. Tweedale. — non apud Hume. — Hume, 1874. Str. f., p. 157.

Je n'ai pas vu cette espèce, mais les nids bruns formés de mousse brune agglutinée avec de la salive, peu profonds et peu comestibles que j'ai pu me procurer au *Rach giá* sont probablement construits par cette espèce.

78. **Collocalia Spodiopygia** (Peale).

Hir. spodiopygia. Peale. — Hume. Str. f. 1873, p. 296. — 1874, p. 160. — Hume et Davison, 1878. Str. f., p. 51.

Ann. *Con Yĕng.* Camb. *Lompi-ou Rômpi* (*Ro.*)

Cette espèce construit son nid blanc et comestible sur tous les petits ilots dépendant des provinces du *Rach giá* et de *Hà tien*. Elle est d'un noir fuligineux avec le croupion blanc.

Hab. Golfe de Siam, Ténasserim, Andamans, Iles Samoa, Iles Fidji.

Méropidés

79. **Meros viridis** (Linné).

M. viridis. L. — Jerdon, 1864. B. of. Ind., p. 127. — **M. torquatus.** Hodgs. **M. ferrugiceps.** Hodgs. — **M. viridis.** Gould. B. of. Asia. Livr. VII.

Ann. *Con Traŭ trâu.* Camb. *Trader* (*Tradĕs*).

Extrêmement commun dans toute la Cochinchine, le Guépier vert y présente les deux formes décrites par Hodgson comme des espèces distinctes.

Hab. Indo-Chine, Inde, Ceylan.

Il est remplacé en Afrique par le **M. viridissimo** (*Swains*), très-voisin; en Australie et aux Moluques (*Bruggemann*) par le **M. ornatus** (*Latham*) à gorge jaune et non bleuâtre.

80. **Merops Swinhoei** (Hume.)

M. quinticolor. (Veillot), pars. — **M. Swinhoei.** Hume, 1874. Str. feath, p. 163.

Ann. *Con Trâu trâu đu đỏ.*

Le Guépier à tête marron est le plus commun à *Trà vinh* où il existe avec le précédent, mais dans des localités différentes. Je ne l'ai jamais vu à *Thủ dầu một* ni à *Saigon* — Swinhoe le premier a distingué cette race comme distincte du **M. Quinticolor** de Java et de la Malaisie, par la bande marron (formant parfois une tache triangulaire) surmontant la bande noire qui sépare la gorge jaune de la poitrine verte. A *Trà vinh*, il niche dans les troncs d'arbres — le pays étant bas et sablonneux.

Hab. Indo-Chine, Malabar, Neilgherries, manque au Bengale, comme aussi à l'Inde centrale et orientale.

Il est remplacé en Malaisie par le **M. Quinticolor.**

81. **Merops philippinus** (Linné.)

M. Philippinus. L., 1766. — **M. Daudini.** Cuvier, 1829. — Hume, 1875. Str. f. p. — **M. javanicus.** Horsfield. — **M. philippensis.** Jerd., 1864 B. of. Ind. p. 118. Gould. B. of. Asia. pl. LIV. VII — A. David, Oustalet, 1877. Ois. Chine.

Ann. *Con Trâu trâu đat.* — Camb. — *Tradév.*

Le Guépier à queue bleue, plus grand que les précédents, est très commun en Cochinchine dans toutes les régions boisées. On le voit voler très haut en grandes troupes à la façon des hirondelles, et en poussant des cris continuels.

Hab. — Indo-Chine, Chine méridionale, Philippines, Archipel Malais, Inde.

Il est remplacé dans l'Asie Occidentale et l'Afrique du Nord par le **M. Ægyptius** (*Forst*), — et le **M. Apiasteo** (*L*) qui vient jusqu'en Europe.

82. **Merops Sumatranus** (Raffles.)

M. Sumatranus. Raffles. — **M. Cyanopygius.** Less. — **M. Sumatranus.** Gould., 1859. Pr. Zool. S.

Ce beau Guépier qui appartient à la faune de Sumatra et de Bornéo arrive jusqu'en Cochinchine. J'en ai tué un exemplaire à *Trà vinh* — Il est très voisin de l'espèce des Philippines et ne s'en distingue guère que par l'absence du collier noir.

Hab. Cochinchine, Siam (Schomburgk), Sumatra, Bornéo.

Il est remplacé aux Philippines par le **M. Bicolor** *Bodd.* (**M. Badius.** *Gm.*) qui a été vu occasionnellement en Chine.

83. **Nyctiornis Athertoni** (Jard et Selb.)

N. Athertoni. Jardins et Selby. — **N. Cœruleus.** Swainson. — **M. Cyanogularis.** Jerdon. Cat., 242. — **Napophila meropina** Hodgson. — **N. Athertoni.** Jerd., 1862. B. of. Ind. Gould. B. of. As. pl. LIV. II. — Hume. Str. feath 1878. p.

Ce grand Guépier à fraise bleue est un magnifique oiseau qui habite les clairières de toutes les grandes forêts de la Cochinchine. Je l'ai tué à *Đồng lách*, à *Cái Cung*, *Suối nước* et *Srok tranh.* Il a le port des autres guépiers, mais vit solitairement. J'ai pu conserver un de ces oiseaux en captivité pendant plus de trois semaines. Il avait une aile brisée et ne pouvait voler loin. D'ordinaire, il se tenait immobile et attentif sur son perchoir poussant des cris rauques à la façon des Rolliers quand on lui présentait une proie vivante comme une mante ou une sauterelle.

Hab. Indo-Chine, Assam, Carnatié.

Je n'ai pas encore vu en Cochinchine le **V. Amictus** *Tem* — signalé en Birmanie, au Ténasserim, à Malacca, Bornéo, Sumatra.

Coraciadés

84. **Coracias affinis** (Mc. Elell.)

Co affinis. Mc. Elell, 1839. — Gray. G. of. B. Pl. xxi. — Gould. B. of As. Pars xxi, Jerdon, 1862 B. of Ind. — Hume, 1878. Str. f.

Ann. *Con sả Sả tàu* (*à Saigon, Biên hòa, Thù dầu một Tây ninh.* — *Con chim Ac là* (*à Trà vinh et Sốc trắng*) *par erreur*, car le *Con chim Ac là étant la Pie* (**Pica Caueata L.**) — Camb. *Tiho.* (*Tiéo*).

Le Rollier de l'Indo-Chine surpasse le Rollier de l'Inde en taille et en beauté. Il s'en distingue par les taches bleu pourpré éclatant de sa gorge et l'absence de bande bleu indigo à l'extrémité des rectrices. Il est très commun en Cochinchine. Très confiant, il devient d'une prudence extraordinaire dans les points où il a été chassé. J'ai eu jusqu'à douze Rolliers à la fois en captivité. Ils étaient peu actifs, mais singulièrement bruyants et querelleurs. L'un d'eux était presque complètement apprivoisé. Mes Rolliers buvaient tous les jours, et se baignaient souvent. Les œufs que j'ai vus étaient blancs et non bleus comme l'a dit Tickell. — C'est le Geai bleu des Européens, en Cochinchine.

Hab. Indo-Chine, Bengale où il se rencontre avec le **C. Indica**. Il manque à Java et à la Chine.

Aux Célèbes, et en Nouvelle-Guinée, il est remplacé par le **C. Temoninckii.**

85. **Eurystomus orientalis** (Linné.)

Coracias orientalis L. — Tem. Pl. Col. 619. — **Eur orientalis** Swinhoe. — Schlegel, 1867. Mus. Pays-Bas. Coracces. p. 139. — A Dav. Oustalet. 1877 Ois. Chine. — Bouvier., 1877. Bull. Soc. Zool. Fr. p. 295. — Hume 1878 Str. feath.

Le Rollier à large bec est un magnifique oiseau, rare en Basse-Cochinchine. Je ne l'ai rencontré que dans les forêts du Nord de *Thù-dầu một* et de *Tây ninh* à *Cái Cung* et à *Tra sang.*

Hab. Indo-Chine, Chine méridionale, Inde, Malaisie.

Alcédinidés

86. **Alcedo Bengalensis** (Brisson.)

Ispida Bengalensis. Briss., 1760. — Gmel, 1788. — Jerdon, 1862 B. of Ind. p. — Sharpe, 1870 Monog. of Alced pl. ii. — Gould B. of Asia. Pl. Livr. — Dav. Oustalet, 1877 Ois. Chine.

Ann. *Con Thắng chài* — Camb. *Sômtuch prah* Kadap. (Moura).

Le petit martin-pêcheur de Cochinchine appartient à la race qui occupe la plus grande partie de l'Asie, et se mélange à la race Européenne **A. Ispida** en Asie Mineure et en Egypte. Il s'en distingue par sa taille notablement plus petite et les teintes moins vives de son plumage.

Hab. Asie orientale.

Bouvier (1877. *Bull. Soc. Zool. de France*) pense qu'on doit réunir à cette espèce l'**A. Sondaica** de Reichenbach et l'**A. Japonica** de Bonaparte.

87. **Alcedo Meningting** (Horsfield.)

Al. Meningting, Horsfield. — **Al. Asiatica** Swainson. — Hume Str feath, 1873. **Alc. Meningting**. Hume, 1878, Str. f, p. 83. — **Al. Beavani** Walden 1875.

Ann. *Con Thẳng chài* — Camb. *Kădap.*

Ce très beau petit martin-pêcheur est commun dans toutes les rivières des forêts. Je l'ai tué à *Cái Cung* et à *Thủ dầu một*. Son plumage est recherché par certains Chinois qui en portent les plumes.

Hab. Indo-Chine, Malaisie.

Les espèces affines son l'**A. Eurytona** (Temm), superbe oiseau de la Malaisie et du Sikkim, et l'**A. Beryllina** de Java, et l'**A. Moluccensis**, des Moluques.

88. **Ceyx tridactyla** (Pallas.)

Alcedo Tridactyla. Pallas. — **A. Purpurea.** Gm. — **Ceyx tridactyla.** Jerdon, 1864. B. of Ind.

Ann. *Con Thẳng Chài đỏ.*

Ce magnifique petit martin-pêcheur est assez rare. Je ne l'ai tué qu'une fois à *Thủ dầu một* dans un petit arroyo ombreux où il pêchait à la façon des Alcedo. Un autre exemplaire m'a été apporté à *Saigon* et a vécu quelque temps en captivité.

Hab. Indo-Chine, Inde (peu commun), Malaisie.

Les voisins du Ceyx à reflets lilas sont le **C. rufidorsa** (*Strickland*) de la Malaisie, et le **C. Luzionensis** des Philippines.

89. **Entomobia pileata** (Boddaert.)

Alcedo pileata. Bod., 1783. Tabl. des Pl. enl. — **A. atricapilla.** Gmel. 1788. — **Alc. Brama**, Lesson-1830. Cent. Zool. pl: VIII. — **Dacelo atricapilla.** Less. 1831. Tr. d'Ornith. — **Dacelo pileata.** Schleg. 1863. M. Pays bas Alced. p. 27. — **Halcyon pileata.** Jerdon. 1864 B. of Ind. Sharpe. 1868, Alced. pl. LXII. — **Entomobia pileata.** Caban. et Hein. 1868. — A. Dav. Oust. 1877. Ois. Chine. — Gould. Birds of Asia. Pl. Livr.

Ann. *Con Sả sả tàu.* Camb. *Châchat.*

L'Halcyon à coiffe noire est un très bel oiseau commun en Cochinchine sur le bord des rivières comme dans l'intérieur des forêts.

Hab. Indo-Chine, Malaisie, jusqu'à Bornéo, Philippines, Inde (très-rare), Chine.

A. David l'a rencontré près de Pékin et, d'après lui, il émigrerait en Cochinchine durant l'hiver. Je n'ai rien observé touchant cette migration et les **H. pileata** habitaient toute l'année les points où j'ai pu les étudier.

90. **Entomobia Smyrnensis** (Linné).

Alcedo smyrnensis. Linn. 1766. — **Dacelo smyrnensis**, Less. 1831. — **Halcyon fusca.** B. p. 1850. — **Entomobia fusca.** Cab. et Hein. 1860. — **Dacelo fusca.** Schlegel 1863. **Halcyon fusca** Jerdon 1862. B. of Ind. — **Entomobia smyrnensis.** Sharpe 1869 Monog. of Alced. pl. LIX. — Dav. Oust. 1877. Ois. Chine, Gould. B. of Asia. Pl. Livr.

Ann. *Con Sả sả trâu. Con Sả sả cá. Sả sả* Camb. *Châchat.*

L'Halcyon à coiffe brune est un bel oiseau commun en Cochinchine.

Hab. Asie méridionale, Hainam, Philippines, — Malacca (Rolland.)

91. **Callialcyon Coromanda** (Latham).

Alcedo coromanda. Lath. — **A. coromandelianus.** Scop. — **Halcyon lilacina.** Swain. **H. Schlegeli.** Bonaparte. — **Halcyon coromandelianus.** Jerdon 1862. B. of Ind. **Callialcyon coromanda**, Sharpe 1869. Mon. of. Alc. — A. Dav. Oust. 1877. Ois. Chine,

Ann. *Con Sả sả tiá.*

L'Halcyon violet n'est pas très commun en Cochinchine. Je l'ai tué à *Trà vinh* seulement.

Hab. Indo-Chine, Malaisie, Philippines, Japon (Blakiston Ibis 1878).

Malgré son nom, on ne le trouve ni sur la côte de Coromandel, ni dans l'Inde Méridionale.

92. **Pelargopsis burmanica** (Sharpe).

Alcedo Capensis. Linné. — **Al. leucocephala.** Gm. **Pel. burmanica.** Sharpe. Monog. of Alced. — Hume. Str. feath. 1878, p. 165. — 1878, p. 73,

Ann. *Con Sả sả cá.*

Le grand martin-pêcheur à poitrine chamois est commun dans toutes les rivières boisées de la Cochinchine. Je n'ai jamais vu cet oiseau ayant la tête blanche. Les exemplaires que j'ai tués avaient la tête d'un gris brun clair. Le dos bleu aigue-marin clair (et non cobalt comme aux Nicobars) la poitrine chamois et non blanchâtre comme à Bornéo. C'est le plus ichtyophage des martins-pêcheurs.

Hab. Indo-Chine.

Dans l'Inde, il est remplacé par **P. gurvial** (*Pearson*).

93. **Todiramphus chloris** (Boddaert).

Alcedo chloris. Bodd. — **Alcedo collaris.** Scop.— **Alc. chlorocephala.** Gmel. — **A. sacra.** Gmel. **Thodiramphus collaris.** Jerdon. 1864. B. of Ind. — **Halcyon collaris.** Sharpe. 1869.

Ann. *Con Trả thiệt* (*Trả tret*).

Ce martin-pêcheur se distingue à première vue des Halcyons par son bec noir et non rouge. Il est commun en Cochinchine.

Hab. Indo-Chine, Malaisie, Bengale.

Les **T. concreta** (Tem.) de Sumatra et du Ténasserim et le **T. occipitalis** sont des espèces voisines.

94. **Ceryle rudis** (Linné).

Alcedo rudis. L. — Jerdon 1864. B. of ind. — Sharpe 1869. Mon. Alc. A. Dav. Oust. 1877. Ois. Chine.

Ann. *Con Sả sả thầy bói et souvent simplement, Thầy bói.*

Le céryle pie est commun à *Châu đốc* et sur le canal d'*Hà tiên*, beaucoup moins dans l'est de la Cochinchine. C'est le plus ichtyophage de toute la famille.

Hab. Asie méridionale et bassin de la Méditerranée.

Il est remplacé par le **C. guttata** (*Vig.*) dans l'Himalaya, par le **C. lugubris** (*Tem.*), en Chine et au Japon (*Blakiston. Ibis.* 1878).

Eurylaimidés

95. **Trogon Duvaucelii** (Temminck).

T. Duvaucelii. Tem. pl. col. 291. — Hume. 1878. Str f. p. 63.

Jouan signale un couroucou parmi les oiseaux de sa liste (*Mém. soc. sc. nat. Cherbourg*, 1872), mais sans le déterminer, ni le caractériser d'une façon suffisante. L'oiseau à tête et cou verdâtres, à dos brun roux luisant et à ailes noires striées de blanc, dont il parle, est peut-être une jeune femelle de l'**H. duvaucelii**. Pour ma part, je n'ai pas vu cet oiseau.

Quatre couroucous ont été signalés dans la Péninsule malaise. **H. Kasumba**; *Raffles*. **H. Diardi**; *Tem.* — **H. Duvaucelii**; *Tem.* — **H. rutiliis**; *Vieillot.* (*Voir Stoliczka et Walden. Ibis*, 1871. *p.* 158).

96. **Eurylaimus Javanicus** (Horsfield).

E. Javanicus. Horsf. 1821. Lesson, 1881. Salvadori, 1874. Ann. Mus. civ. Genov. p. 107. — Bouvier 1877. Bull. Soc. Zool fr. p. 295. — Hume 1878. Str. f. p. 89.

Ce curieux oiseau ne paraît pas être commun en Basse-Cochinchine; je ne l'ai vu qu'à *Cái cung* et à *Suối vàng* au pied du *Núi bà đèn*. — Le mâle est caractérisé par une bande noire étroite sur la poitrine.

Hab. Cochinchine, Malaisie, Birmanie (Blyth.) Ténasserim (Davison), — Kessang (Rolland),

Jouan indique dans sa liste un **Platyrhynchus** indéterminé.

97. **Cymbirhynchus macrorhynchus** (Gmelin).

Todus macrorhynchus. Gmelin.— Latham. (Java et Bornéo) — **T. lemniscatus.** Raffles (Sumatra). **Cymb. Malaccensis.** Salvadori, 1874. Alti. ac. Torino. xi. p. 425. — Bouvier. 1877. Bull. Soc. Zool. Franc. p. 296. — **Cymb. nasutres.** Schomburgk, Ibis. 1864 p. 246 (Siam.). — **Cymb. macrorhynchus.** Sharpe. 1876. Ibis. p. 48. — Tweedale 1877. Ibis p. 317. — Hume. Str. f. 1878. p. 92. — Gould. B. of Asia Livr. v. pl. 7.

Ann. *Con Thầy chùa lửa.*

Ce bel oiseau groseille et noir, si curieux avec son bec bleu d'azur émaillé (mandibule supérieure) et jaune de chrôme passant au verdâtre (mandibule inférieure), est commun en Cochinchine dans toutes les forêts étendues et épaisses. Je l'ai tué à *Bến sức* à *Cái cung*, *Tra sang*, *Srok tranh*, *Đồng lách*, *Suối nước*, *etc.* M. Navelle, adminisrtateur, l'a tué à *Thủ dầu một* même.

Les exemplaires nombreux que j'ai rapportés de Cochinchine et qui se trouvent au muséum de Lyon ont les 3, 4 ou 5 paires externes des rectrices caudales tachées de blanc, taches persistantes chez les oiseaux adultes; ce fait les rapprocherait du **C. malaccensis** de Savadori et de Bouvier (d'après eux à la presqu'île de Malacca) et du **C. affinis** de Blyth (d'après Bouvier, habitant le reste de l'Indo-Chine). Mais d'autre part, sur plus de 30 exemplaires que j'ai observés, il n'y avait pas de taches rouges sur les rémiges tertiaires. Si on devait s'arrêter à des caractères aussi superficiels, il me faudrait créer une espèce nouvelle caractérisée par des taches blanches persistantes chez l'oiseau adulte sur les quatre paires externes de rectrices (parfois sur cinq), avec absence de taches rouges sur les rémiges tertiaires. Lord Tweedale remarque avec raison (*Ibis* 1877, *p.* 317), que le **C. malaccensis** caractérisé par le comte Salvadori n'est pas spécial à la presqu'île de Malacca et se retrouve à Sumatra; que de plus, le nouveau nom donné est inutile, le nom donné par Raffles « **lemniscatus** » à l'oiseau de Sumatra aurait l'antériorité, s'il y avait lieu de donner un nom particulier. Les **Cymbirhynchus** de Cochinchine doivent donc, à mon avis rentrer, dans l'espèce répandue à la fois en Indo-Chine et en Malaisie en tenant compte de la remarque faite par Sharpe (*Ibis* 1876), que le nombre des rectrices tachées de blanc augmente en avançant au nord. Je dois aussi m'associer à la remarque faite par Hume (*Stray feathers*, 1878), que les rayures irrégulières d'un brun roux, orange ou noirâtre des flancs et du ventre, ne sont nullement un caractère de jeunesse comme l'indique Bouvier.

98. **Calyptomena viridis** (Raffles).

C. viridis. Raffles, 1822. Tr. L. soc. p. 295. — **Rupicolo viridis**. Tem. 1823. pl. col. 216. **Pipra viridis**. Wag. I. 1830. Okens Ibis. [p. 926. **Calyptomena viridis**. Bouvier, 1877. Bull. Soc. Z. France p. 297. — Hume 1878. Str. f. p. 86.

Ann. *Con Thầy chùa xanh rừng*.

Ce magnifique oiseau ne me paraît pas commun en Cochinchine. Je n'ai pu le trouver qu'à *Tra sany*; sur le haut Vaïco.

Hab. Cochinchine, Malacca, Ténasserim méridional. — Java, Sumatra, Bornéo.

Bucérotidés

99. **Dichoceros cavatus** (Shaw).

Buceros cavatus. Shaw. **Homraius bicornis**. Jerdon. 1864. B. of Ind. p. 242 **B. bicornis**. Elliot Ibis 1877 p. 416. — **B. cavatus**. Hume str. f. 1876 p. 384. 1878. p. 98.

Ann. *Con chim Hồng hoàng*. Camb. *Puvéang*.

Le grand Calao n'est pas rare dans toutes les grandes forêts. Je l'ai tué au *Núi bã đen* (*Tây ninh*) et à *Tra sang*.

Hab. Indo-Chine, Sumatra, Assam, Hymalaya, Malabar.

100. **Anthracoceros albirostris** (Shaw).

Buceros albirostris Shaw. 1811. Gen. Zool. VIII. p. 13. — **B. malabaricus**. Gm. — **Hydrocissa albirostris**. Jerdon. 1864. B. of Ind. I. p. 247. — **Hyd. coronata**. Godwin Austen. 1870. — **Anthr. malabaricus**. — Elliot. Mon. of Buc. — **Anth. albirostris**. Hume 1878 Str. f. p. 100.

Ann. *Con Cào cát*. Camb. *Kéng kâng*.

Le petit Calao est un oiseau fort bruyant vivant en troupes dans toutes les forêts. Le type décrit par Jerdon avec une tache noire sur la mandibule supérieure du bec apparaissant à l'extrémité du bord vers la pointe, s'élargissant en arrière à la partie moyenne, avec les marges des deux mandibules plus ou moins noires, est commun en Cochinchine. Mais ce n'est point la seule variété que j'y ai rencontrée et je regarde ce caractère comme variable.

Hab. Indo-Chine, Inde septentrionale.

L'A. affinis (*Hutton*) de l'Inde est fort voisin.

101. **Anthracoceros fraterculus** (Elliot).

A. fraterculus. Elliot, 1877. Ann. and Mag. Nat hist. — Ibis 1878. p. 191.

J'ai vu à Paris, grâce à l'obligeance de M. Oustalet, le savant naturaliste auquel nous devons les oiseaux de la Chine (en collaboration avec le Père A. David), un des ouvrages qui font le plus honneur à l'ornithologie française contemporaine, des oiseaux provenant de Cochinchine (M. Germain) et ayant servi à la description de M. Elliot. J'accepte cette espèce jusqu'au moment où il me sera possible de l'examiner à nouveau.

102. **Rhyticeros undulatus** (Shaw).

Buceros undulatus. Shaw. — **B. javanicus.** Shaw. (apud Elliot 1877. Mon. of Buc.) — **Rhyticeros. undulatus.** Elliot 1877. (**B. plicatus**. Blyth et Tem). — **Rh. undulatus.** Hume 1878. **Str.** f. p. 111.

Cette belle espèce de Calao à bec garni d'un renflement ondulé à la base n'est pas rare à *Châu đôc* et à *Hà tiên* dans les montagnes. Mais je ne l'ai jamais rencontré dans l'est de la Cochinchine.

Hab. Indo-Chine, Indo-Malaisie.

Les **Rh. subruficollis**, *Blyth* et **Rh. narcondami**, *Hume Str f.* 1873 *p.* 411 sont très proches. Une autre espèce du même genre est le **R. ruficollis** (*Tem.*) de la Nouvelle Guinée.

Les Annamites m'ont apporté des têtes de Calao appartenant à d'autres espèces. Mais n'ayant point observé les oiseaux vivants moi-même, je ne puis que citer ces espèces.

103. **Berenicornis comatus** (Raffles.).

104. **Anthracoceros malayanus** (Raffles.)

Bec entièrement noir.

Upupides

105. **Upupa longirostris.**

U. longirostris. Jerdon, 1862 B. of Ind. p. 393.— **U. Ceylonensis.** Swinh. 1871. Pr. Z. S. p. 349. — Hume str. f. 1878. p. 202.

Ann. *Con chim Đầu riù.* Camb. *Săt Sâhk.*

La Huppe de l'Indo-Chine diffère de la Huppe d'Europe par l'absence de blanc à la huppe, et la longueur de son bec plus considérable. C'est un oiseau très commun en Cochinchine. Blyth et Sharpe admettent l'**U. longirostris** de Jerdon, mais Swinhoe confond la race de Huppe d'*Haï nam* (race qui semble rentrer dans l'espèce de Jerdon) avec l'**U. ceylonensis** (*Reich*) de l'Inde et de la Chine.

Nectarinidés

106. **Arachnothera modesta** (Eyton).

A. modesta. Eyton. Hume. Str. f. 1878. p. 176.

Cette espèce de Souimanga est assez commune en Cochinchine dans tous les jardins de bananiers, de cocotiers, d'aréquiers, etc. On la reconnaît à sa poitrine gris pâle teinté de verdâtre, et aux stries noirâtres des parties inférieures.

Hab. Cochinchine, Péninsule Malaise, Sohore, Ténasserim (rare).

107. **Arachnothera chrysogenys** (Temminck).

A. chrysogenys. Tem. — Hume 1878. Str. f. 1878, p. 117.

Le Souimanga à oreilles jaunes est aussi commun que le précédent et habite les mêmes jardins.

Hab. Cochinchine, Péninsule Malaise, — Margui, Ténasserim.

108. **Arachnothera flavigastra** (Eyton).

A. flavigastra. Eyton.

Le Souimanga à ventre jaune habite les mêmes points que les précédents, mais je l'ai trouvé plus rarement.

Hab. Cochinchine, Péninsule Malaise.

109. **Arachnothera longirostris** (Latham).

A. longirostra Latham. — Tem. pl. col 84. f. 1.

J'ai tué à *Thù dâu một* un Souimanga à bec d'une longueur extraordinaire, que je suppose appartenir à cette espèce sans pouvoir l'affirmer, n'ayant pu l'étudier immédiatement, ni le conserver.

Hab. Cochinchine, ? (Thudaumot), Singapore, Sohore, ,Sikkim, Assam, Arakan.

110. **Arachnechthra flammaxillaris** (Blyth).

A. flammaxillaris. Blyth. — Hume Str. f. 1876. p. 314. — 1878. p. 192. — **Cinnyris flammaxillaris.** Shelley 1876. Monog. of Cinnyr. pl· x.

Ann. *Con Hút mật.* Camb. (*Sat pŏpĕch* (*Moura*).

Ce joli Souimanga à gorge bleue est extrêmement commun dans toute la Cochinchine.

Hab. Cochinchine, Ténasserim, Pégu, Poulo-Pinang.

Il diffère de **A. rhizophoræ** (*Swinh*) par l'absence de teinte métallique sur le front, de **A. Andamanica** (*Hume*), par sa gorge bleue et non verte, enfin de **A. pectoralis** (*Horsf.*) de Java par la présence d'une bande pectorale rouge-brun non métallique.

111. Arachnechthra Asiatica (Latham).

Certhia asiatica. Latham. — **Arach. asiatica.** Jerdon 1864. B. of Ind. p. 234. Gould. B. of Asia. — Hume 1878. str. f. p. 190. — **Cinnyris asiaticus.** Shelley 1876.

Cette belle espèce, remarquable par la teinte bleu-pourpré métallique qui couvre une grande partie du corps, ne paraît pas être commune en Cochinchine. Je ne l'ai tué que dans la forêt de *Tra sang*.

Hab, Cochinchine Birmanie, Ténasserim (la rivière Yea étant sa limite méridionale). Inde.

112. Chalcostetha insignis (Gould).

Cinnyris insignis. Gould B. of As. Liv. xix. pl. 6. — **Chal. insignis.** Hum. Str. f. 1878. p. 183.

J'ai tué un seul exemplaire (à *Trá vinh*) de ce superbe Souimanga si commun à Singapore. Il ressemble beaucoup au **Leptocoma braziliano** dont il diffère par la teinte bronze doré de sa gorge et de sa poitrine (au lieu de violet-doré) et par des touffes de plumes axillaires jaune brillant comme celles des **Arachnechthra.**

Hab. Cochinchine (très rare), Péninsule Malaise. — Ténasserim (très rare.)

113. Cinnyris Brazilianus

C. Brazilianus. Gmel. 1788. S. N. 1. 474. — **C. ruber.** Lesson 1831. — Shelley, 1876. **Nectarinia Hasselti.** Tem. 1825. pl. col. 376. f. 3. — **Nectarophila Hasselti** (Salvadori 1874. — **Leptocoma Hasselti.** Gray 1869.

Ann. *Con Hút mật đèn.*

En dépit du nom, donné par Gmelin, qui croyait ce magnifique oiseau originaire du Brésil, on trouve ce cinnyris dans toute la Cochinchine, où il abonde dans la forêt comme dans les jardins, sur les loranthus parasites.

Hab. Cochinchine, Péninsule Malaise, Ténasserim méridional, — Arakan, (Iruin). On ne l'a pas trouvé au Pégu.

114. Anthreptes Malaccensis (Scopoli).

Certhia Malaccensis. Scopoli 1786. **Anth. malaccensis.** Shelley 1876. Mon. of Cinnyr.

Ce joli Souimanga au dos d'un bleu pourpré métallique passant au vert et au violet, est très commun dans les jardins et les forêts. Il a des allures un peu différentes des autres Souimangas précédemment énumérés qu'il dépasse par sa taille ; il se sert beaucoup plus de ses pieds et moins de ses ailes.

Hab. Cochinchine, Péninsule Malaise, Ténasserim (au sud d'Amherst).

115. **Dicæum cruentatum** (Linné).

Dicæum cruentatum. L. 1786. — **Certhia coccinea**. Scopoli 1786. — **Cert. erythronotus**. Latham. 1790.—**Dicæum rubricapillum**. Lesson 1831. — **D. coccineum**. Jerdon. 1864. B. of Ind. p. 373.— **D. cruentatum**. Hume. 1878. str. f. — Gould. B. of Austr. pars. VI.

Ce beau Dicée rouge écarlate est un petit oiseau turbulent et querelleur. Il est très commun dans les jardins aussi bien que dans les forêts.

Hab. Cochinchine, Indo-Chine, Chine méridionale, Formose, Bengale.

116. **Dicæum trigonostigma** (Scopoli).

Certhia trigonostigma. Scopoli, 1786. — Ibis 1876, pl. x. Hume 1878. str. f. p. 194.

Le Dicé à ventre orangé n'est pas très rare en Cochinchine sans être aussi commun que le précédent.

Hab. Cochinchine, Péninsule Malaise, Malaisie, Ténasserim (au sud d'Amherst.)

117. **Dicæum chrysorhæum** (Temminck).

D. Chrysorhæum. Tem. pl. col. 478. f. 1. — Jerdon 1862. B. of Ind. p. 374.

Le Dicée à ventre jaune est le plus rare en Cochinchine. Je ne l'ai tué qu'à *Thù dầu một*.

Hab. Cochinchine, Péninsule Malaise, Ténasserim, Arakan.

118. **Prionochilus thoracicus** (Temminck).

Pr. thoracicus. Temminck, Hume, str. f. 1878. (Temminck).

Ce beau petit oiseau à tache écarlate sur le sommet de la tête et à touffes axillaires blanches paraît être rare en Cochinchine. Je n'en ai tué qu'un seul exemplaire à *Thù dầu một*.

Hab. Cochinchine, Péninsule Malaise, Ténasserim.

Melliphagidés.

119. **Zosterops Siamensis** (Blyth).

Z. Siamensis. Blyth. Hume 1878. str. feath. p. 375.

Ce joli petit oiseau vert jaunâtre, à l'œil encerclé de plumes blanches, est commun dans tous les jardins et toutes les haies de Cochinchine.

Ann. *Con chim Sâu nghệ.*

Hab. Cochinchine, Cambodge, Siam.

Il diffère du **Z. palpebrosus** (*Tem*) de l'Inde, et du **Z. simplex** (*Swinhoe*) de la Chine méridionale par la teinte jaune claire de sa poitrine et de son abdomen (au lieu de gris blanchâtre).

Laniidés.

120. **Lanius nigriceps** (Frankland).

Collurio nigriceps. Frankland. 1831 R. Z. S. p. 117. — **Lanius nigriceps.** Jerdon 1862. B. of Ind 1. p. 404, et Ibis 1872 p. 115. — A. David Oustalet. 1877 Ois. Chine p. 95.

Ann. *Cou Thàng làng chó.*

La Pie-grièche à tête noire est commune en Cochinchine.

Hab. Indo-Chine Bengale, Himalaya.

121. **Lanius cristatus** (Linné).

L. cristatus. L. 1766, Syst. nat. 1. p. 134. — **L. phœnicurus** Pall. 1776. — **L. cristatus.** Walden. 1867. Ibis. p. 212.

La Pie-grièche brune est aussi commune que la précédente et porte le même nom annamite. On sait depuis longtemps que le **L. cristatus** n'a pas de crête.

Hab. Indo-Chine, Inde.

122. **Lanius superciliosus** (Latham).

L. superciliosus. Lath. 1801. — Walden. 1867, Ibis p. 218. pl. 5 f. 2.

Ann. *Con Thàng làng chó.*

Cette Pie-grièche à queue rousse ne se distingue guère de la précédente que par son front marqué de blanc et une raie sourcilière blanchâtre (jaunâtre et peu marquée dans le **L. cristatus**). J'ai rencontré en Cochinchine des Pies-grièches présentant tous les degrés intermédiaires résultant de ces caractères et il m'est impossible de ne pas émettre un doute sur la valeur de la distinction spécifique qu'on en a tirée. D'après lord Walden et Swinhoe (Pr. *zool. soc.* 1871. *p.* 375) les trois espèces indo-chinoises de pies-grièches à queue rousse (toutes les trois nommées « *Ou-pa* » par les Chinois. *A David*) suivraient des routes de migration différentes. Le **L. luzionensis** irait des Philippines à la Mandchourie, le **L. superciliosus**, de la Malaisie à l'Amourland, enfin le **L. cristatus**, de l'Inde au lac Baikal.

123. **Tephrodornis pelvica** (Hodgson).

Tenthaca pelvica. Hodgson. 1837. Ind. rev. 1. p. 447. — **Teph. pelvica.** Jerdon 1864. B. of Ind. 1. p. 409. — Swinhoe. Ibis. 1870. p. 241. — Hume, 1878. str. f. p. 205.

Cette Pie-grièche de forêt est un oiseau peu actif, commun dans tous les districts boisés.

Hab. Cochinchine, Indo-Chine, Hainam, (Swinhoe) Himalaya.

124 **Tephrodornis gularis** (Raffles).

T. gularis. Raffles.

Parmi les Pies-grièches que j'ai tuées à *Srok tranh*, plusieurs avaient le dos gris de la même nuance que la tête. Je crois pouvoir les faire rentrer dans l'espèce de Raffles qui habite la Péninsule malaise et Sumatra. Toutefois je n'ai pu les comparer avec les oiseaux de cette provenance.

Les **Tephrodornis** devraient être rapprochés des **Campéphagidés**.

Artamidés.

125. **Artramus fuscus** (Vieillot).

A. fuscus. Vieillot. 1817. N. Dict. Hist. nat. XVIII. p. 297. Jerdon, 1862. B. of Ind. 4. p. 441.

Ann. *Con chim Thàng làng.*

Le Langrayen à ventre brun est commun en Cochinchine dans toutes les régions boisées. Il vole avec élégance en grandes troupes à la façon des hirondelles et des guépiers.

Hab. Indo-Chine, Inde, Ceylan, Macao, (Cassin), Haïnam (Swinhoe)

Campéphagidés.

126. **Graucalus Macei** (Lesson).

Gr. macei. Lesson. — **Gr. papuensis.** Sykes. — **Gr. Macei.** Jerdon, 1862. B. of Ind. 1. p. 417.

Cet oiseau a l'apparence d'un **Tephrodornis amplifié.** Il habite toutes les forêts de la Cochinchine.

Hab. Indo-Chine, Inde septentrionale.

L'espèce d'Haïnam et de Formose, **Gr. rex-pineti** (*Swinhoe*), paraît être une simple réduction de cet oiseau.

127. **Volvocivora melaschista** (Hodgson).

V. melaschista. Hodgson 1837. Ind. rev. 1. p. 328. — Jerdon, 1864 B. of Ind. 1. p. 415.

Cette espèce que les Annamites nomment « *Thàng làng* » comme toutes les pies-grièches, est assez commune dans toutes les provinces boisées de la Cochinchine. Elle est de couleur plus foncée que les espèces voisines de Cochinchine.

Hab. Indo-Chine, Inde.

L'espèce d'Haïnam, **V. saturata** (*Swinhoe*, *Ibis* 1870, *p.* 242) paraît être une simple race plus petite et plus foncée.

128. Volvocivora avensis (Blyth).

V.melanoptera. Blyth. puis. **V. avensis.** — Hume, Str. f. 1875. p. 93. 1878. p. 209.

Cette espèce de teinte plus claire est plus commune que la précédente, et fréquente les mêmes localités.

Hab. Indo-Chine.

129. Volvocivora intermedia (Hume) (sp ?).

J'ai tué en Cochinchine plusieurs volvocivora de petite taille et de couleur intermédiaire entre les deux espèces précédentes. N'ayant pas vu les types des **volvocivora intermedia** et **neglecta** de Hume et **V. vidua** (Hartlaub), il m'est impossible de les classer exactement.

129 bis. Hemipus capitalis (Mc. Clell).

H. capitalis Mc. Clell. — **H. picatus.** Gray. — **H. picæcolor.** Hodgson. Sharpe 1877. cat. of. Coliom. 111. p. 306.

Commun sur les arbres dans tous les arrondissements boisés de la Cochinchine. Cette espèce diffère de l'**Hemipus picatus** (*Sykes*), de l'Inde, par une bande blanche sur les ailes.

Ce beau gobe-mouche habite l'Indo-Chine.

Péricrocotidés.

130. Pericrocotus elegans (Mc. Clell).

P. speciosus. Lath. pars. — **P. elegans.** Mc. Clell. et Horsf. 1839. Pr. Z. S. P. 156. — Sharpe. Str. f. 1874. p. 156. — Hume 1875. p. 95. — 1877. p. 194. — 1878. p. 95.

Ann. *Con chim Hát bội lớn*, (*le Comédien*). Camb. *Săt Chek tûm.*

Cet oiseau vermillon et noir est un des plus beaux de l'Asie; il est commun dans toutes les provinces boisées de la Cochinchine. La femelle est jaune doré dans toutes les parties qui sont d'un rouge éclatant chez le mâle.

Hab. Indo-Chine.

Le **P. speciosus** est une race plus grande du même oiseau, habitant l'Himalaya et le nord de l'Inde.

131. Pericrocotus peregrinus (Linné).

Parus peregrinus. Lin. — **Peri peregrinus.** Jerdon 1864. B. of Ind. p. 425. — Gould B. of Asia. Livr. IX. pl. 5.

Ann. *Con chim Hát bội.*

Ce joli oiseau à croupion écarlate est commun dans toute la Cochinchine.

Hab. Indo-Chine, Inde, Bornéo (Tweedale).

Il est remplacé à Sumatra par le **P. flagrans** (Boie).

Dicruridés.

132. **Dicrurus annectans** (Hodgson).

Buchanga annectans. Hodgson. — **D. balicassius** Jerd. 1864. B. of Ind. 1. p. 480. — **D. annectans,**

Cette espèce de Drongo est d'un noir lustré comme les **Buchanga atra**, dont il diffère par sa queue bien moins fourchue, et sa taille plus petite.

Hab. Indo-Chine, Bengale, Népaul.

133. **Buchanga atra** (Herm).

Dicrurus ater. Herm. — **Bucha atra.** Sharpe. Cat. Br. Mus III p. 250.

Ann. *Con Chèo bèo* (ou *xa bèo*). Camb. *Tavar.*

Le Drongon noir est un des oiseaux les plus commun dans toutes les provinces baignées par le *Mé-kong.* Il est moins commun à *Saigon*, *Thù dâu một* et dans les régions boisées. En captivité c'est un oiseau des plus agréables et dont la vivacité et le talent d'imitation n'est dépassé que par le **Dissemurus.**

Hab. Indo-Chine, Indo-Malaisie, Inde.

134. **Buchanga leucogenys** (Walden).

B. leucogenys. Walden, 1870. Ann. and Mag. of Nat. hist. p. 219. — Hume Str. f. 1874. p. 210 — 1878. p. 216.

Ann. *Con chim Chèo bèo.*

Le Drongo gris cendré est commun dans toute la Cochinchine.

Hab. Cochinchine, Chine, Japon, Malacca, Ténasserim méridional.

135. **Buchanga cineracea** (Horsfield).

Dicrurus Cinneraceus. Horsfield. Tr. Lin soc. XIII. p. 145. **D. leucophæus.** Vieillot (apud Sharpe 1877. Cat of. Coliomorph.) **Buchanga Mouhoti.** Walden. 1879. Ann. and. mag. Nat. hist. p. 220.

Le Drongo gris à lores noirs, se rapproche beaucoup du précédent. Il n'est pas rare en Cochinchine et au Cambodge, d'où Mouhot l'a rapporté.

Hab. Indo-Chine méridionale, Java.

L'espèce d'Haïnam **B. innexa** (Swinh) est à peine distincte.

136. **Chaptia Malayensis** (Blyth).

Ch. Malayensis. Blyth, Hume, 1878, Str. f. p. 218.

Ce superbe Drongo, à reflets bleu-métallique et à plumes lancéolées sur la tête et le cou, habite toutes les grandes forêts. Je l'ai rapporté de *Srok-tranh* (un exemplaire tué par M. d'Elbée) et de *Tra sang.*

Hab. Cochinchine, Indo-Malaisie.

Il se distingue du **Ch.** œnea par sa taille plus petite et l'absence de gris sur le croupion et l'abdomen.

137. **Dissemurus paradiseus** (Linné).

Lanius paradiseus. Lin. — **L. malabaricus.** — Scopoli Lath. **Edolius malayensis.** — Blyth. **Diss. paradiseus.** — Sharpe 1877, Cat. of. Coliom. — Hume 1878 Str. f. p. 219.

Ann. *Con Chèo bèo.* Camb. *Rontéep tông kântray.*

Le Drongo à raquettes est un très bel oiseau qui a peu de rivaux comme oiseau de cage. Il se nourrit de toutes les proies vivantes qui sont à sa portée et imite tous les bruits qu'il peut entendre. Il est commun à *Trà vinh*, plus rare à *Saigon.*

Hab. Cochinchine, Indo-Chine.

Les espèces voisines sont le **D. malabaroïdes** (Hodgs) du Bengale et de l'Himalaya, le **D. platurus** (Vieillot) du sud de la Peninsule Malaise et le **D. brachyphorus** de Bornéo.

138. **Chibia Hottentota** (Linné).

Corvus Hottentotus. Lin. — **Criniger splendens.** Tick. — **Chibia Hottentota.** — Jerdon. 1864, B. of Ind. 1. p. 459. — Hume, 1878, Str. f. p. 222.

Le Drongo à soies n'est pas commun en Cochinchine. Je ne l'ai trouvé qu'à *Tra sang.*

Hab. Cochinchine, Indo-Chine, Bengale, Himalaya, Malabar.

Le **Ch. brevirostris** (Cabanis) remplace cette espèce en Chine.

Muscicapidés.

139. **Tchitrea affinis** (Hay.)

Muscipeta affinis. Hay. J. As soc. xv. p. 292. — Jerdon, 1864, B. of Ind. p. 448. — Hume Str. feath. 1875, 1878 p. 223.

Ce beau gobe-mouches n'est pas très commun dans les forêts de Cochinchine. Je l'ai tué à *Thù dầu một* et à *Tra sang.* Le mâle est blanc avec une crête noire et une longue queue formée par les deux rectrices médianes. Les jeunes ont le dos châtain-clair ; je n'ai pas observé la teinte bleu cobalt du bec signalée par Davison.

Hab. Indo-Chine.

Les Tch. **Paradisi** (*Lin.*) de l'Inde, et **Tch. Princeps** (*Tem.*) du Japon et de la Chine méridionale se rapprochent beaucoup de notre oiseau. Les **Tch. Incey** (*Gould.*) et **Tch. Princeps** sont nommés par les Chinois *Pae liên* (blanc ruban) et *Hong liên*. rouge ruban (A. David).

140. Philentoma pyrrhopterum (Temminck.)

Ph. pyrrhopterum. Tem. — Hume Str. f. 1878, p. 233.

J'ai tué plusieurs exemplaires de ce beau gobe-mouches, à tête bleu-indigo (gris-clair chez la femelle) à *Tây ninh* et à *Srok tranh* (*Thù dầu một*.

Hab. Cochinchine, Péninsule Malaise.

141. Myagra azurea (Boddaert.)

Muscicapa azurea. Bodd. 1783. — **M. cœrulea.** Gmel. 1788. — **Myagra azurea** Jerdon, 1864. B. of Ind. I. p. 450. — Swinhoe, 1871. R. Z. S. p. 381. — **Hypothymis azurea.** — Hume 1878 Str. f. p. 225.

Ce très joli gobe-mouches bleu-cobalt n'est pas rare dans les fourrés de bambous et dans les haies. Je l'ai tué à *Thù dầu một* et à *Thủ đức*.

Hab. Indo-Chine, Chine, Inde, Philippines, Formose, Haïnam.

142. Leucocerca albicollis (Vieillot.)

Rhipidura albicolis. Vieillot. — **Muscipeta albogularis** Lesson. — **Leuc. fuseo ventris**, Jerdon, 1864, B. of Ind. I. p. 451.

Ann. *Con chim Rẻ quạt* (*Eventail*).

Le Gobe-mouches, à gorge blanche et à queue en éventail, est commun dans toute la Cochinchine. Forêts, jardins, haies.

Hab. Indo-Chine, Bengale.

Le **L. albofrontata** (*Lesson*) est une autre espèce de l'Inde, Birmanie et Ténasserim, que je n'ai pas encore vu en Basse-Cochinchine.

143. Leucocerca Javanica (Sparrman.)

L. javanica. Sparrm. — Hume Str. f., 1873 p. 455, 1878. p. 226.

Ann. *Con chim Rẻ quạt*.

Ce Gobe-mouches ne diffère du précédent que par son ventre blanc à peine taché de jaune très pâle — 4 paires de rectrices sont tachées de blanc à l'extrémité.

Hab. Cochinchine, Ténasserim Java.

144. Stoparola melanops (Vigors.)

Muscicapa melanops. Vigors, 1830-31. R. Z. S. p. 171. — **Muscipeta lapis.** Lesson, 1839. Rev. Zool. p. 109. — **Eumyas melanops.** Jerdon 1864. B. of Ind. p. 463. — **Stop. melanops.** Gould. 1832. — David et Oustalet, 1877, Ois. Chine. p. 116. — Hume, Str. f. f. 1878, p 227.

Ce Gobe-mouches bleu-verdâtre clair est commun dans les forêts ' aussi dans les jardins. Je l'ai tué à *Thù dầu một.*

Hab. Indo-Chine, Inde, Chine méridionale.

145. Butalis ferruginea (Hodgson.).

Hemichelidon ferruginea. Hodgs. 1845. Pr. Z. Soc. 32. — **Alseonax ferrugineus.** Jerdon. 1861. B. of Ind. 460. — **Butalis ferruginea.** A. Dav. Oustalet 1877. Ois. Chine, p, 121.

Ann. *Kon chim Sâu.*

Ce petit Gobe-mouches, à queue rousse, n'estpas rare dans les jardins et les bois. Je l'ai trouvé à *Saigon* et à *Thù dầu một.*

Hab. Indo-Chine, Inde, Chine méridionale.

Il est voisin du **B. grisola, L.**, de l'Europe.

146. Butalis latirostris (Raffles).

Muscicapa latirostris. Raffles, 1821. Tr. L. S. p. 212. — **M. Cinereo-alba.** Tem. et Schlegel, 1850 F. Japon, 42, pl. 12. — **Alseona latirostris.** Jerdon, 1862. B. of Ind. 1. p. 459. — **But. latirostris** A. Dav. Oustalet 1877. Ois. Chine, p. 123.

Ann. *Con chim Sâu.*

Ce Gobe-mouches, brun cendré sur le dos avec les parties inférieures blanchâtres, est très commun partout. Il se distingue du **B. griseosticta** (Swinhoe) par l'absence de flammèches sur les côtés de la poitrine et du ventre.

Hab. Indo-Chine, Inde, Chine.

147. Butalis griseosticta (Swinhoe).

B. griseosticta Swinhoe, 1861 Ibis p. 330. — **B. hypogrammica** Wallace, 1862. Ibis, p. 250.

Cette espèce très voisine est moins commune. Je l'ai tuée à *Saigon* et à *Thù dầu một.*

Hab. Cochinchine, Chine, très commun. — Morty et Ceram, (Wallace.)

148. Erythrosterna albicilla (Pallas).

Muscicapa albicilla. Pallas, 1811. — Dav. Oustalet, 1877. Ois Chine, p. 120 planche 79.

Ce petit gobe-mouches, bien reconnaissable à la tache rousse bordée de gris inférieurement qui orne sa gorge.

Hab. Indo-Chine Inde, Chine, Pekin, (commun) (A. David).

149. **Cyornis rubeculoïdes** (Vigors).

Phœnicura rubeculoïdes. Vigors. **Cy. rubeculoïdes.** Jerdon, 1864, B. of Ind. p. 466. Hume 1878. Str. f. p. 227.

Je n'ai pas observé cet oiseau vivant. On m'a apporté à *Tây ninh* la peau d'un gobe-mouches à tête et gorge bleu-cobalt, avec la poitrine et le dos marron. Les pattes manquaient et la peau n'a pu être préparée. Il avait été tué dans les bambous du *Núi Bà đèn* (887^{m} d'altitude). Je soupçonne que cet oiseau pouvait être le **Cyornis rubeculoïdes.**

Hirundinidés.

150. **Hirundo Gutturalis** (Scopoli).

H. gutturalis. Scop. 1786. Della Pl. et taun. insubr. 11. p. 96. **H. javanica** Hodgson. **H. gutturalis.** A. David et Oustalet 1877. Ois. Chine p. 124. — Hume 1878. Str. f. p. 41.

Ann. *Con Én.* Camb. *Truchiék kâm.*

L'Hirondelle de Cochinchine est presque semblable à l'Hirondelle de cheminée (**H. rustica**) de France. Elle n'en diffère que par la taille. C est donc plutôt une race qu'une espèce distincte.

Hab. Asie orientale, Malaisie.

151. **Hirundo Javanica** (Sparrman).

H javanica. Sparrm. — **H. Domicola.** Jerd. 1862 1. p. 158.

Cette petite Hirondelle n'est pas très commune. Je ne l'ai vue qu'à *Tây ninh*. Elle est de moitié plus petite.

Hab Cochinchine, Neilgherries (très commune), Ceylan, Malaisie, Mergui.

152. **Hirundo Tytleri.**

H. Tytleri. Jerd. B. of Ind. 111. Append. p. 870. — Hume Str. f. 1875, p. 870, appendice.

L'Hirondelle à ventre roux n'est pas rare en Cochinchine. Je l'ai tuée à *Saigon* et à *Trà vinh*. Elle est voisine de l'**H. cahirica** de l'Egypte.

Hab. Cochinchine, Pégu, Ténasserim, Bengale,

153. **Cotyle Sinensis** (Gr. and Hardw.).

H. Sinensis. Gr. and Hardwicke, 1830. Ill. Ind. Or, 35. — **H. brevicaudata** Mc. Clell. 1839. — **Cot. Sinensis** A. Dav. Oust. 1877. Ois. Chine p. 128. — Hume 1878. Str. f. p. 45.

Ann. *Con Én biên.*

Cette Hirondelle grise à ventre blanc est commune en Cochinchine sur le bord de toutes les grandes rivières. Elle se rapproche beaucoup de l'Hirondelle de rivage (**C. riparia**) de l'Europe.

Hab. Asie orientale.

154. **Cecropis Nipalensis**? (Hodgson).

H Nipalensis. Hodgson 1836. **Lilia Nipalensis.** Hume, 1877. Str. f. p. 262.

Cette Hirondelle habite la forêt. Je l'ai tuée à *Tra sang*. On la reconnaît aux striations de toutes les parties inférieures. Mais je n'ai pu comparer mes échantillons avec la **C. daurica.**

Hab. Himalaya, Ténasserim, Cochinchine?

Oriolidés.

155. **Oriolus Indicus** (Jordon).

O. Indicus. Jordon 1844. Illust. of Ind. Orn. — **O. Chinensis** A. Dav. et Oust. 1877. Ois. Chine, Note, p. 559. — **O. diffusus** Sharpe 1877. Cat. of Coliom, p. 197. — Hume 1878 Str. f. p. 329.

Ann. *Con chim Vàng nghê* (Safran). Chinois *Thương canh*. Camb. *Chăp ang kor*.

Ce magnifique Loriot est très commun en Cochinchine, de septembre à la saison des pluies.

Hab. Indo-Chine, Inde, Chine (pendant l'été.)

L'oiseau nommé par Buffon le **Couliavan** de la Cochinchine est distinct par l'absence de tout miroir jaune sur l'aile.

156. **Oriolus Cochinchinensis** (Brisson).

O. Cochinchinensis. Brisson! 1760. Ornith. 11. 326. n° 59, pl. 33. f. 1. — Le Couliavan de la Cochinchine. Buffon, 1770. Pl. enluminées, 1770. — **O. Chinensis.** Boddaert 1783. — **O. Chinensis** Gmel. 6788. — **Or. acrorhynchus.** Vigors.

Tout le monde se trouvait d'accord pour reconnaître que le Loriot de Cochinchine, figuré par Buffon, devait se rapporter à l'espèce des Philippines et qu'il ne se trouvait ni dans l'Inde, ni dans le Ténasserim, ni en Chine. Le 20 janvier 1879, j'ai tué à *Thù đầu một*, dans l'intérieur de l'inspection, un Loriot qui est absolument semblable à la figure des planches enluminées et qui ne présente aucun miroir jaune sur l'aile. Je me crois donc en droit de faire rentrer l'**Oriolus Cochinchinensis** (Brisson) dans la liste des oiseaux de la Cochinchine. Toutefois il doit y être exceptionnel, car je n'ai vu qu'un seul exemplaire de cette espèce sur plus de cinquante Loriots que j'ai préparés en différentes localités.

Hab. Cochinchine, Philippines.

157. **Oriolus melanocephalus** (Linné).

O. melanocephalus. L. — **O. maderaspatanus**. Franklin (le jeune). — **O. Mac Coshii**. Tickell (le jeune). — **O. melanocephalus**. Jerdon, 1862. B. of Ind. II, p. 110.

Ann. *Con chim Vàng nhê đầu đèn.* Camb. *Chéhk tăm.*

Ce beau Loriot est très commun en Cochinchine. On le reconnaît à sa tête noire. Mais le jeune a le front jaune, le bec noir, le cou plus ou moins strié de noirâtre ; il a été plusieurs fois décrit comme espèce distincte.

Hab. Indo-Chine.

Phyllornithidés.

158. **Phyllornis aurifrons** (Temminck).

Ph. aurifrons. — Tem. Pl. col. 484. f. 1. (Sumatra). Jerdon., 1862 B. of Ind. II p. 99. **Ph. Hodgsoni**. Gould. B. of Asia Liv. XIII.

Ce bel oiseau vert, au front orangé, à la gorge bleu-cobalt éclatant, est un ornement de toutes les forêts du nord de la Cochinchine. C'est un charmant oiseau de cage, facile à nourrir. Mais je ne l'ai jamais vu en captivité chez les Annamites.

Hab. Cochinchine, Indo-Chine, Himalaya, Sumatra.

159. **Phyllornis icterocephalus**.

Ph. icterocephalus. Tem. pl. col. 512, 2. — **Ph. Cochinchinensis**. (Blyth).

Ce gracieux petit oiseau, qui a le front et la nuque d'un jaune plus ou moins doré et le sommet de la tête vert, est commun dans les forêts, *Tây ninh* ; *Thi tinh*, etc.

Hab. Cochinchine, presqu'île Malaise.

160. **Phyllornis chlorocephalus**.

Ph. chlorocephalus. Walden, 1871. Ann. and. Mag. Nat hist. p. 341. — Hume 1878. Str. f. p. 324.

Cette espèce est très voisine de la précédente. J'ai trouvé à *Tây ninh* des types de cette espèce et de la précédente, ainsi que des intermédiaires. D'après Walden, il se distingue par sa taille plus grande, son bec plus fort, sa tête entièrement verte chez le jeune mâle et la femelle, marquée de jaune sur le front chez le mâle adulte, sans teinte dorée sur la nuque.

Hab. Cochinchine, Ténasserim, Birmanie.

161. Iora typhia (Linné).

Motacilla typhia. L. 1766. — **M. subveridis** Tick, 1833. — **Iora typhia.** Jerdon 1863. B. of. Ind. II. p. 103. — Hume Str. f. 1877, p. 428. — **Ægithina scapularis.** Horsf., 1821, pars. — **J. viridis** (Salvadori).

Ann. *Con chim Nghệ.*

Ce petit oiseau, à ventre jaune plus ou moins clair et plus ou moins brillant et à dos verdâtre, est le Figuier vert et jaune de Buffon. Il est très commun partout.

Hab. Cochinchine, Péninsule Malaise, Indo-Chine, Inde, Ceylan, Malaisie.

162. Iora viridisima (Temminck).

Ægithina viridissima. Tem. — **Iora viridissima.** Hume Str. f. 1877 p. 427.

Cette petite espèce de Figuier se distingue de la précédente par un cercle jaune-clair brillant autour de l'œil. Je l'ai tuée souvent à *Thù-dầu một*, *Saigon* et *Trà vinh.*

Hab. Cochinchine, Malacca, Johore, Mergui, Sumatra, Borneo.

163. Irene puella (Lathan).

Coracias puella. Lath. — **Irene indica** Hay. — **I. puella** Jerdon, 1863. B. of Ind. II. p. 105. — Hume, Str. f. 1875. p. 130.

Ce magnifique oiseau a toutes les parties supérieures du bleu-cobalt métallique le plus éclatant. Il vit en troupes dans les grandes forêts et je l'ai vu souvent à *Tra sang* et dans les forêts environnantes. La femelle est bleu d'Anvers. Dans les exemplaires que j'ai tués, les couvertures inférieures arrivaient à l'extrémité de la queue; ce caractère sépare l'**I. puella** de l'**I. malayensis.** Horsfield.

Hab. Cochinchine, Ténasserim, Birmanie, Arakan, Assam, Malabar.

164. Hypsipetes Malaccensis (Blyth).

H. Malaccensis. Blyth. — Hume 1878. Str. f. p. 298.

Je n'ai pu voir qu'un seul exemplaire de cet oiseau au *Núi Bà đèn* de *Tây ninh.* Les parties supérieures du corps étaient brunâtres avec une teinte olive, les joues grises, le ventre et les couvertures inférieures de la queue blanches.

Hab. Cochinchine, Péninsule Malaise, Ténasserim, Sumatra, Bornéo.

Pycnonotidés

165. **Ixus jocosus** (Linné).

Lanius jocosus. Lin 1759. — **Otocompsa jocosa**. Jerd. 1863. B. of ind. II. 92. **Ix. jocosus**. A. Dav. Oust. 1877. Ois. Chine, p. 142. **Ot. emeria**. Hume, tr. f. p. 321.

Ann. *Con Chóc mào. Chắc mào.* Camb. *Săt Dăl ambŏ'k.*

Ce Boulboul a une huppe noire, les oreilles blanches, avec une touffe de plumes rouges. Il est commun dans tous les bois ; très rare, au contraire, dans les pays de culture. Il fréquente aussi les jardins et les haies dans les pays forestiers.

Hab. Indo-Chine, Chine.

Une espèce à peine distincte, **I. pyrhotis** (Hodgs), habite l'Inde et l'**I. erythrotis**, la Malaisie.

166. **Ixus Germaini** (Oustalet).

I. Germaini. Oustalet. 1877. Bull. Soc. Philom. Paris (décembre.)

Ann. *Con Quành quaẹh* — Cam. *Săt Dăl ambŏk.*

Cet oiseau, qui a été décrit par M. Oustalet, d'après un spécimen envoyé par M. Germain au Muséum de Paris, est très commun en Cochinchine. Je l'ai rapporté au Muséum de Lyon, de *Saigon* et *Thù dầu một*. Le Dr Morice l'a envoyé de *Qui nhơn* (Annam). A *Thi tinh* et dans les forêts avoisinantes, c'est de beaucoup le plus commun des Ixus.

Hab. Cochinchine.

Cette espèce est voisine de l'**I. crocorrhous** (Strikl) de Java dont il diffère par sa tête brune et non noire, la teinte blanchâtre de ses sous-caudales (et non jaune safran), — et aussi de l'**I. xanthorrhous** (Anderson), de la Chine, qui a la tête noire, une tache cramoisie à la base de la mandibule supérieure et une bande brune à la poitrine. Il diffère enfin de l'**I. Andersoni** (Swinhoe), de la Chine, par l'absence d'un large plastron blanc, et la tache blanchâtre qui termine les rectrices.

167. **Ixus analis** (Horsfield).

I. analis. Horsfield. — **Otocompsa analis**. Hume Str. f. 1873, p. 457.

Ann. *Con Quành Quaeh.*

Ce Boulboul est un des oiseaux les plus communs de la Cochinchine ; on le trouve dans tous les buissons.

Hab. Cochinchine, Ténasserim.

L'**I. psidii**, espèce voisine, habite les Philippines.

168. **Ixus plumosus** (Blyth).

I. plumosus. Blyth. J. As. S. Beng. xiv. p. 567. Hume 1878. Str. f.

Ann. *Con Quành Quaeh.*

Ce Boulboul est presque aussi commun que le précédent. Jl est très voisin de l'**I. bruneus** (Blyth) mais diffère par les stries blanches des couvertures de ses oreilles. Toutefois l'espèce de Cochinchine que j'ai portée sous ce nom, présente plusieurs caractères dont je n'ai trouvé mention ni sur la description de Blyth, ni sur celle de Hume. Ni l'un ni l'autre ne mentionnent entre autres points la couleur jaune des plumes de la base de la mandibule supérieure et du front. Peut-être est-ce une variété distincte.

Hab. **L'I. Plumosus** habite la presqu'île de Malacca et le Ténasserim.

169. **Ixus Finlaysoni** (Strickland).

I. Finlaysoni. Strickland. — Hume 1878 Str f. p. 307.

Ce Boulboul est commun dans les jardins des régions boisées et dans les bois. Mais je ne l'ai pas vu dans les grandes forêts.

Hab. Cochinchine, Ténasserim.

170. **Iole olivacea** (Blyth).

I. olivacea. Blyth. Hume, 1878. Str f. p. 314.

Je pense qu'un des oiseaux tués par moi à *Thù dâu một* pourrait se rapporter à cette espèce.

171. **Rubigula flaviventris.**

Vanga flaviventris.—**Brachypus melanocephalus.** Gray and Hardwike. —**R. flaviventris.** Jerdon, 1863. B. of Ind. p. 88.

Ce joli Boulboul, à tête huppée noire, à poitrine et ventre jaune, n'est pas rare dans les forêts.

Hab. Indo-Chine, Inde centrale, Himalaya.

Pittidés

172. **Pitta Moluccensis** (Muller).

P. Moluccensis, Muller, 1766. — **P. Cyanoptera**, Tem 1828. Pl. col., 218. —**P. nympha** Schleg., 1850. — **P. Jap**, puis **P. moluccensis** Vog. Ned. Ind. pl. 4 f. 1. — Hume 1875. Str f. p. 106 1878. p. 241. — A. Dav. Oustalet, 1877 Ois. Chine, p. 144.

Camb. *Rongéev Kâk.*

Cette Brève habite la Cochinchine; je l'ai tuée à *Tra sang*, et Jouan a cité un oiseau non déterminé qui pourrait s'y rapporter. C'est un superbe oiseau à dos vert foncé, au ventre orangé roux, avec le croupion et les couvertures alaires bleu outre-mer éclatant.

Hab. Indo-Chine méridionale, Chine, (A. David), Corée, (Swinhoe).

Elle est très voisine du **P. megarhyneha** (Schleg).

173. **Pitta Ellioti** (Oustalet).

P. Ellioti. Oustalet 1874. N. arch. Mus. p. 101. pl. 2.

Je n'ai pas vu cet oiseau vivant. Le commmandant Bousigon, administrateur, a envoyé au Muséum de Paris le spécimen qui a servi de type à M. Oustalet. Cette Brève a la tête recouverte de plumes bleu-émeraude formant une crête — le dos et la queue du plus bel outre-mer. — La gorge bleue, la poitrine cendre-verte, une bande bleu-violet foncé au milieu du ventre, les flancs ornés de bandes transversales noires se détachant sur un fond jaune doré. Elle appartient au groupe formant le genre **Pitta** proprement dit, de Elliot, dont font partie les **P. Baudi** (Mull) de Bornéo, **P. Schwaneri** (Tem) de Java et de Bornéo, **P. Guiana** (Mull), et **P. Boschi** (Mull) de Malacca et de Sumatra, **P. Gurneyi** (Hume) du Ténasserim.

174. **Pitta cucullata** (Hartlaub).

P. cucullata. Hartlaub.— **P. rhodogastra.** Hodgson (le jeune).—**Brachyurus cuculatus.** Hume 1875. Str. f. p. 109. — Elliot Ibis 1870 p. 420.

Cette Brève est un magnifique oiseau à tête noire, avec le dos vert foncé, la poitrine vert-bleuâtre, le ventre vermillon avec une tache noire. L'épaule et les couvertures supérieures de la queue bleu vert-de-gris éclatant. Elle est rare dans les parties de la forêt où je suis allé. Je l'ai trouvée à *Tra sang* et à *Đông lách*.

Hab. Cochinchine, Ténasserim, Péninsule Malaise, Arakan, Birmanie, Assam, Népaul.

Mérulidés

175. **Monticola cyanea** (Linné).

M. cyanea. — **Turdus cyaneus** L. 1766. — **Petrocossyphus cyaneus.** Jerdon 1862. B. of Ind. 1 p. 511. — **Petrocincla cyanea.** Swinhoe, 1871. — **Petrocichla cyanea.** Jevertsof, 1873.— **Monticola cyanea.** A. Dav. Oust. 1877. Ois. Chine, p. 163.

176. **Monticola solitaria** (Brisson).

Merula solitaria Philippensis. Brisson, 1760. — **Turdus Manillensis.** T. Scleg. 1850. — **Mont. solitaria.** Walden 1872. Pr. Z. S. VIII, 2. p. 63. — A. Dav. Oust. 1877. Ois. Chine, p. 661.

177. **Monticola affinis** (Blyth).

Petrocossyphus affinis, Blyth. 1843, J. as. Soc. XII. p. 177. — **Petrounela affinis** Swinh. 1871. A. Dav. Oust. 1877. Ois. Chine, p. 162.

Ces trois types de merles bleus se rencontrent en Cochinchine, toutefois la variété à ventre complètement roux, le **M. solitaria** est bien plus rare que les deux autres. Le **M. affinis** est de beaucoup le plus commun.

Hab. Asie et Europe.

178. **Geocichla citrina** (Latham).

Turdus citrinus, Lath. — **T. albonotatus** Cuvier apud Pucheran, — **T. macei**, Temm. pl. col. 445. — **Geo. citrina**, Jerdon 1862. B. of Ind. I. p. 517.

Ce merle à tête orange n'est pas très commun. Il habite les forêts et les fourrés de bambous. Je l'ai tué à *Đồng lách*. Le Dr Morice l'a recueilli à *Qúi Nhơn*.

Hab. Indo-Chine, Bengale, Himalaya.

Saxicolidés

179. **Copsychus musicus** (Raffles).

Lanius musicus. Raffles, 1821. — **Cop. problematicus**, Sharpe, 1876. Ibis. p. 36. — **C. musicus**. Tweedale Ibis., 1877. p. 309.

Ann. *Con chim Chắc chè* (ou *chuýt-chuè* ou *choát chuè*). Camb. *Chương tihn.*

Cet oiseau que les Européens nomment volontiers « le Rossignol », est un des plus charmants oiseaux de Cochinchine. C'est un chanteur fort agréable qui fréquente les jardins, et qui, aussi confiant que beau, s'approche des maisons habitées. A. David dit que l'espèce chinoise est considérée comme un oiseau de combat.

Hab. Indo-Chine, Sumatra.

Le **C. saularis** L., de l'Inde, le **C. mindanensis**, des Pilippines, et le **C. amœnus**, de Java, sont des espèces voisines. Le **C. musicus** se distingue surtout par la couleur des couvertures inférieures des ailes qui sont blanches avec le centre noir.

180. **Kittacincla macroura** (Gmelin).

Turdus macrourus, Gmel. 1788. — **Grylluvra longicaudata**. Swains. — **Kitt. macroura**. Gould, 1836. Jerdon 1863. B. of Ind. II. p. 116. — **Lercotrichas macroura**. Hume Str. f. 1878. p. 333.

Ann. *Con chim Chắc chè lửa*. Camb. *Chương tihn.*

Cet oiseau est un chanteur encore plus beau et plus habile que le précédent; il est commun dans tous les bois et les fourrés de bambous.

Hab. Indo-Chine, Inde, Malaisie, Hainam.

Le **K. albiventris** (Blyth), des Andamans, diffère à peine.

Garrulacidés

181. Garrulax perspicillatus (Gmelin).

Turdus perspicillatus. Gm. 1788. — **G. rugillatus**, Swinh., 1860. Ibis p. 57. **G. perspicillatus.** Swinh. 1861. — A. Dav. Oust. 1877. Ois. Chine p. 191. pl. 52.

Ann. *Con Bò chảo.*

Cette espèce de **Garrulax** est peu commune en Basse-Cochinchine. Je l'ai vu à *Tây ninh* et le Dr Morice l'a envoyé de *Quí nhơn.*

Hab. Chine méridionale, Annam.

182. Garrulax Belangeri (Lesson).

G. Belangeri, Less. 1831 V. Bel. — Blyth, 1841. — Hume Str f. 1875. p. 122. 1878. p. 286.

Ann. *Con Bò chảo.*

Cet oiseau est extrêmement commun dans toutes les forêts de Cochinchine où chacun a pu entendre leurs concerts étourdissants interrompus par de profonds silences. Davison décrit (*Str. feathers*, 1878, p. 287) de la façon la plus exacte une de leurs habitudes. « Un petit groupe d'entre eux, trois, quatre ou cinq se placent sur le sentier ou sur un autre espace découvert et commence à danser. Ils étendent la queue, abaissent les ailes, passent au dedans en dehors les uns des autres dans les figures (si ce sont des figures) les plus compliquées, tandis que le reste de la troupe observe la cérémonie avec le plus grand intérêt de chaque branche des arbres environnants et applaudit « the heartiest and jolliest fashion. »

Hab. Indo-Chine.

Cette espèce diffère du **G. leucolophus** (Hardwicke) de l'Inde, par très peu de points.

Leiothricidés

183. Cochoa viridis (Hodgson.)

C. viridis. Hodgs. 1836. J. A. S. Beng. p. 359. — Gould. 1850. B. of As. Liv. 1. — Jerdon, 1863. B. of Ind. II. p. 243.

Ce magnifique oiseau vert éclatant avec la tête bleue habite moins rarement les forêts du nord de la Cochinchine. Je l'ai vu à *Tra sung* une seule fois.

Hab. Cochinchine, Himalaya, Fo. Kiên (Chine) (A. David).

Timalidés

184. Timalia Jerdoni (Walden).

T. Jerdoni. Walden 1872. Ann. And. Mag. Nat. hist. p. 61.

Lord Walden a distingué cet oiseau du T. pileata (Horsfield) de Java. Il différerait par la taille et des nuances de coloration. Il n'est pas rare en Cochinchine et je l'ai tué souvent à *Thù dầu một.*

Hab. Cochinchine, Ténasserim.

185. Timalia erythroptera (Blyth).

T. erythroptera. Blyth. J. A. S. Beng. XI. p. 794. — Salvadori-Uccelli di Borneo, p. 214.

Cette espèce à tête brune olive-foncé est moins commune que la précédente. J'ai constaté sa présence à *Thù dầu một.*

Hab. Cochinchine, Péninsule Malaise, Ténasserim.

186. Mixornis rubricapillus (Tickell).

Motoreilla rubricapilla. Tickell. J. As. S. II. p. 575. — **Mixornis rubricapillus.** Jerdon. 1863 B. of Ind. II. p. 23. — Hume Str. f. 1878. p. 266.

Ce petit oiseau à gorge jaune, striée de noirâtre est très commun, à *Thù dầu một* et à *Saigon* sur les Erythrines au moment de la floraison.

Hab. Cochinchine, Ténasserim, Birmanie, Bengale, Himalaya.

187. Mixornis gularis (Horsfield).

M. gularis. Horsfield. — Hume Str. f. 1878. p. 266.

Cette espèce, de taille plus grande, à stries plus marquées s'étendant à la poitrine, sans sourcil jaune, de nuance plus foncée sur la tête et plus claire sur le dos, est moins commune. Je l'ai trouvée dans la même localité.

Hab. Cochinchine Ténasserim.

188. **Malacopteron magnirostris** (Moore).

Alcippe magnirostris, Moore. — **M. magnirostris.** Hume Str. f. 1878, p. 274.

Cette espèce, à tête gris-brun avec des stries noirâtres, des paupières blanches, le dos brun olive clair et les parties inférieures blanches, n'est pas rare à *Thù dâu mọt.*

Hab. Cochinchine, Péninsule malaise, Ténasserim.

189. **Pelleorneum subochraceum** (Swinhoe).

P. subochraceum. Swinhoe 1871. Ann. and mag. nat hist. — **P. minor** Hume. Str f. 1873. p. 298. 1875, p. 120. — 1878. p. 278.

Sylvidés

190. **Arundinax aedon** (Pallas).

Muscicapa aedon. Pallas 1766. — **A. olivaceus** Blyth. 1862. — Jerdon 1863. B. of Ind 11. p. 157. — **A. aedon.** A. David, Oustalet 1877. Ois. Chine p. 254.

Cette Rousserole, voisine du **Calamodyta orientalis** dont elle diffère par sa queue étagée, habite la Cochinchine. Je l'ai trouvée à *Thù dâu mọt.*

Hab. Indo-Chine, Inde, Chine (en été).

191. **Cisticola cursitans** (Franckland).

C. cursitans. Franckland, 1831. Pr. Z. Soc. — **C. schœnicola.** Bonap. 1838. — Jerdon, 1863. B. of Ind. 11. p. 174. — A. Dav. Oust. 1877. Ois. Chine, p. 256. — **C. cursitans.** Hume Str f. 1878. p. 349.

Ann. *Con chim Chôi chôi*, ou *Choi choi*, ou *Loi choi* (Oustalet).

Le Cisticole de la Cochinchine est inséparable de celui de l'Inde et de l'Europe. On le trouve dans toutes les régions cultivées, surtout dans les rizières.

192. **Prinia flaviventris** (Delessert).

Orthotomus flaviventris. Delessert. — Jerdon 1863. B. of Ind. 11. p. 169. — Hume 1878. Str f. p. 347.

Ann. *Con chim Lách chách* (agiter les roseaux).

Ce joli petit oiseau, à tête grise, au dos verdâtre obscur, à gorge blanche et ventre jaune, est commun dans les rizières. Je l'ai trouvé souvent dans les environs de *Saigon.*

Hab. Indo-Chine, Bengale, Népaul.

Le **Pr. sonitans** (Swinh.) (Chine, Formose et Haïnam), ne diffère que par ses lores et ses joues d'un blanc pur.

193. **Drimœca extensicauda** (Swinhoe).

Dr. extensicauda. Swinh. 1860. Ibis. 50. A. Dav. Oust. 1877. Ois. Chine, p. 257.

Ce petit oiseau, qui habite les rizières et les champs cultivés, est facilement reconnaissable à sa longue queue graduée formée de dix rectrices offrant chacune une tache subterminale noire. La tête est rayée de brun.

Hab. Cochinchine, Ténasserim, Chine méridionale.

Dans l'Inde il est remplacé par le **Dr. longicaudatus** (Tickell).

194. **Orthotomus sutorius** (Forster).

Sylvia sutoria. Forster. — **Motacilla longicauda.** Gmel., Jerd., 1863, B. of Ind. 11. p. 165. A. Dav., Oust. 1877. Ois. Chine. 261.

La Fauvette couturière est commune dans toute la Cochinchine. Haies, jardins, broussailles.

Hab. Indo-Chine, Inde, Chine méridionale.

195. **Orthotomus atrigularis** (Temminck).

O. atrigularis. Tem. Sharpe Ibis. 1877. p. 16. **O. flavia viridis.** Moore. — **O. nitidus.** Hume Str. f. 1874. p. 507.

Cette espèce, plus rare que la précédente, habite la forêt.

Hab. Cochinchine, Ténasserim, Malacca.

196. **Orthotomus cineracea** (Lesson).

O. cineracea. Less.

Cette espèce de couleur cendrée est très commune à *Thủ dầu một.*

197. **Phylloscopus fuscatus** (Blyth).

Ph. fuscatus. Blyth. 1842. J. As. soc. Bengale, p. 113. — Jerdon 1863. B. of Ind. 11 p. 191. Seebohm, Ibis 1877. p. 5.

Ce Pouillot a une raie sourcilière jaunâtre, la gorge et l'abdomen blanc, la poitrine lavée de brun et le dos brunâtre.

Hab. Indo-Chine, Bengale, manque à l'Inde méridionale.

198. **Phylloscopus borealis** (Blasius)

P. borealis. Blasius, 1858. Naumania. — A. Dav. Oust. — 1877. Ois. Chine, Seebohm 1877. Ibis p. 69.

Bec large, tête du même vert-olive que le corps, une barre blanche sur l'aile. J'ai tué ce Pouillot à *Thủ dầu một.*

Hab. Indo-Chine, Malaisie, Chine et Sibérie, l'été.

199. **Phylloscopus viridanus** (Blyth).

Ph. viridanus. Blyth. 1843. — Seebohm, 1877. Ibis.

Ce Pouillot a le dos vert-olive, une barre à peine apparente sur l'aile. Je n'ai pu comparer mes exemplaires de *Thù dầu một* avec les types ou des oiseaux bien déterminés.

Hab. Ténasserim, Bengale, Népaul.

200. **Phylloscopus tenellipes** (Swinhoe).

Ph. tenellipes. Swinhoe, Ibis 1860. p. 53. — Seebohm Ibis p. 75. — Hume 1878, Str. f. p. 517.

Tête plus foncée que le reste du corps, deux barres alaires, sourcils blancs jaunâtres, pattes d'un blanc grisâtre nuancé de rose. Je l'ai tué à *Thù dầu một*, où il est commun.

Hab. Cochinchine, Ténasserim, Chine centrale, Fokien, Japon.

201. **Phylloscopus coronatus** (Temminck et Schlegel).

Ficedula coronata. Tem. et Schleg. 1850. F. Jap. Owes, 48. pl. 18. — **Ph. coronatus.** Seebohm 1877. Ibis p. 79. — **Reguloides coronatus.** Hume et Davison, 1878. Str. f. p. 356.

Ce Pouillot se distingue par la raie médiane jaunâtre de sa tête. Je l'ai trouvé à *Thù dầu một* et à *Saigon*.

Hab. Cochinchine, Ténasserim méridional, Malacca (Tweedale), Japon, Chine, Oussouri (Dybowski).

202. **Phylloscopus plumbeitarsus** (Swinhoe).

P. plumbeitarsus. Swinh.. 1861. Ibis. 330. — Seebohm, 1877, Ibis, p. 76.

Ce Pouillot se distingue par son large bec, sa tête de même couleur que le dos (brun taché d'olive-jaunâtre). Cette nuance brune le distingue des autres Pouillots de Cochinchine. On ne pourrait le confondre sous ce rapport qu'avec le **P. fuscatus** qui n'a pas de barres alaires.

Motacillidés

203. **Calobates melanope** (Pallas).

Motacilla melanope Pallas 1876. — **C. sulfurea.** Jerdon. 1863. B. of Ind. p. 220. — **C. melanope.** Dav. Oust. 1877 Ois. Chine p. 302. — Hume Str. f. 1878. p. 362.

Ce Hoche-queue, à tête et dos gris, avec les parties inférieures jaune-pâle, n'est pas rare dans les arrondissements boisés (jardins, cultures). Il remplace le **C. boarula** d'Europe.

Hab. Asie orientale.

204. **Motacilla luzionensis** (Scopoli).

M. luzionensis. Scopoli. Jerdon, 1863. B. of Ind. 218. Hume 1878, Str. f. p. 362. — **M. alboides**. A. Dav. Oust. 1877, Ois. Chine, p. 298.

Ann. *Con chim Lắc nước.*

Commun en Cochinchine : *Thủ dầu một*, *Saigon*, *Trà vinh*. Ce Hoche-queue est reconnaissable à la bande blanche qui recouvre le front et les côtés de la tête et du cou.

Hab. Indo-Chine, Chine, Philippines, Himalaya, Inde septentrionale.

Cette espèce remplace les **M. alba** et **M. Yarelli** d'Europe.

205. **Motacilla Dukhunensis** (Pallas).

M. Duckhunensis. Pallas. — Jerdon 1863. B. of Ind. p. 218. — Hume Str. f. 1878, p. 362.

Cette espèce diffère de la précédente par sa gorge blanche et son dos gris. Elle est bien moins commune à *Thủ dầu một*, *Saigon*, *Trà vinh*.

206. **Motacilla ocularis** (Swinhoe).

M. ocularis, Svinhoe Ibis 1863. p. 94. — A. Dav. Oust. Ois. Chine, p. 290. Hume, 1878. Str f. p. 518.

C'est le plus rare des Hoche-queues que j'ai rencontrés en Cochinchine ; je ne l'ai tué qu'à *Saigon*. On le reconnaît à première vue à la ligne noire étroite partant du bec qui se prolonge à la nuque à travers l'œil.

Hab. Cochinchine, Ténasserim, Pégu (Oates et Hume), Chine.

207. **Budytes cinereocapilla** (Savi).

M. cinereocapilla. Savi, 1831. — A. Dav. Oust, 1877. Ois. Chine, p. 303, — Hume 1878. Str. f. p. 363.

La Bergeronnette à tête grise est commune dans les rizières à la saison sèche. Je l'ai tuée à *Saigon* et à *Trà vinh*.

Hab. Ancien monde, et Amérique du Nord.

208. **Budytes Taivana** (Swinhoe).

Budytes Taivana. Swinh. 1866. Ibis p. 138, — A. Dav. Oust. Ois. Chine 1877. p. 303.

La Bergeronnette à tête verte est beaucoup moins commune que la précédente. Je l'ai pourtant rencontrée à *Saigon* et à *Trà vinh* dans les rizières pendant la saison sèche. On la distingue du **B. flavus** par sa gorge jaune.

Hab. Cochinchine, Singapore, Chine méridionale, Hainam, Formose, Sibérie, (Dybowski).

209. **Budytes flava** (Linné).

Motacilla flava. Lin. 1766 **B. flavus.** A. Dav. Oust. 1877. Ois. Chine p. 302. — Hume 1878. Str. f. p. 365.

Cette Bergeronnette est commune dans les rizières pendant les saisons sèches. Je l'ai trouvée à *Saigon* et à *Trà vinh*. On la reconnait à sa tête grise avec un large sourcil blanc, et à ses joues blanches ou grises.

210. **Limonidromus indicus** (Gmelin).

Motacilla indica. Gm. 1788. — **Nemoricola indica.** Jerdon. 1863. B. of Ind. II. p. 226. — **Lim. indicus.** A. Dav. Oust. 1877. Ois. Chine, p. 305. Hume 1878. Str. f. p. 364.

Cet oiseau qui appartient à un type intermédiaire aux Hochequeues et aux Pipis se reconnaît à ses deux colliers noirs réunis par une raie noire médiane. Il habite les arbres des jardins (*Thù dầu một-Saigon*). Il n'est pas commun.

Hab. Indo-Chine, Inde, Chine.

211. **Anthus maculatus** (Hodgson).

A. maculatus. Hodgs. — **A. agilis** Sykes. — **A. arboreus.** Midd. 1853. — **Pipastos agilis**, Jerdon 1863. B. of. Ind. p. 228. — **P. maculatus.** Hume, 1878 Str. f. p. 365.

J'ai tué ce Pipis à *Thù dầu một*. Il est presque semblable au type européen de Pipis. Il habite les arbres, mais descend aussi sur le sol.

Hab. Cochinchine, Ténasserim, Chine.

212. **Anthus cervinus** (Pallas).

Motacilla cervina. Pall. 1811. — Jerdon, 1863. B. of Ind. 11. p. 237. — A. Dav. Oust. 1877. Ois. Chine p. 306. Hume Str. feath. 1874. p. 239, 1878, p. 367.

Ann. *Con Chiên chiên.*

Le Pipis à gorge rousse est commun dans les rizières desséchées et les cultures. Il vit en troupes. Je l'ai tué à *Thù dầu một*, à *Saigon* et à *Trà vinh.*

Hab. Europe, Asie, Afrique septentrionale

213. **Corydalla Richardi** (Vieillot).

Anthus Richardi. Vieillot 1818. —Tem. pl. col. 101.— **C. Richardi.** Jerdon, 1863 B. of Ind. p. 231. — A. Dav. Oust. 1877. Ois. Chine p. 309. — Hume 1878. Str. f. p. 365.

Ann. *Con Chiên chiên.* — Camb. *Săt Khlit dĕy.*

Le Corydalle est un des oiseaux les plus communs pendant toute la saison sèche dans les plaines incultes. Il est remarquable par la longueur de l'ongle du doigt postérieur. *Thủ dầu một*, *Saigon*, *Trà vinh*.

Hab. Europe, Asie, Afrique septentrionale.

214. **Corydalla rufula** (Vieillot).

Anthus rufula. Vieillot, 1818. — Jerd. 1863. B. of Ind. p. 232. — Hume 1878. Str. f, p. 366.

Ann. *Con chim Bòn* ou *Chiên chiên.*

Cet oiseau est très commun dans toutes les régions déboisées et cultivées où il n'y a pas trop d'eau. Il est de taille plus petite que le **C. Richardi.**

Hab. Indo-Chine, Inde.

215. **Corydalla malayensis** (Eyton).

Anthus malayensis. Eyton. Hume 1878. Str. f. p. 366.

Je place provisoirement quelques oiseaux de teinte foncée dans cette espèce; cependant, je conserve quelque doute sur la valeur du caractère spécifique tiré par Hume de la longueur relative de la première remige comparée à la seconde. En tout cas, j'ai tué à *Thủ dầu một* des Corydalles nombreux dont la première remige égalait ou dépassait la seconde.

Alaudidé.

216. **Mirafra microptera** (Hume).

M. microptera. Hume 1875. Str. f. p. 483. (Birmanie).

Je crois pouvoir rapporter à l'espèce décrite par Hume cette Alouette de Cochinchine. Elle n'est pas commune et je ne l'ai trouvée qu'à *Thủ dầu một.* Elle est distincte, d'après Hume, du **M. affinis** Jerdon.

217. **Alauda gulgula** (Frankl.).

A. gulgula. Frank, 1831. — Jerdon 1863. B. of Ind. p. 435.

Cette Alouette est très commune dans les rizières desséchées et les plaines ouvertes.

Hab. Indo-Chine, Inde.

Embérizidés.

218. **Emberiza aureola** (Pallas).

E. aureola. Pallas 1876. — **Euspiza aureola**. Jerd. 1863. B. of. Ind. 11 p. 380. — A. David et Oustalet 1877. Ois. Chine, p, 332. — Hume 1878. Str. f. p. 409.

Ce Bruant à front noir (gris rayé de noir chez la femelle) habite en grandes troupes les champs de riz et les plaines gazonnées. Je l'ai trouvé souvent à *Thù dầu một*, *Saigon* et *Trà vinh*. M. Germain l'avait recueilli et envoyé au muséum de Paris.

Hab. Indo-Chine, Chine, Sibérie orientale, Himalaya, Europe méridionale.

219. **Emberiza rutila** (Pallas).

Em. rutila. Pallas, 1776. — **Citrinella rutila**, Hume 1875 Str. f. p. 157. — **Euspiza rutila**. Hume 1878. Str. f. p. 408.

Je n'ai trouvé qu'une seule fois ce Bruant à front et tête marron clair dans les plaines sablonneuses au nord de *Thù dầu một*.

Hab. Cochinchine, Pégu, Assam, Birmanie, Asie septentrionale.

Fringillidés.

220. **Passer montanus** (Brisson).

P. montanus. Briss. 1760. — Jerdon. 1863. B. of Ind. 11, p. 366. — Hume et Davison 1878. Str. f. p. 407.

Ann. *Con chim Sẻ sẻ*. Camb. *Chap Srŏk*.

Le moineau friquet est très commun dans toute la Cochinchine. On le reconnaît facilement à sa tête marron. Il habite autour des maisons et les toitures même, tandis qu'en Europe il a des habitudes différentes et se trouve surtout dans les bois; peut-être, comme le fait remarquer Oustalet, parce qu'il est chassé par le **P. domesticus** plus grand et plus fort.

Hab. Indo-Chine, Inde, Chine, Asie centrale, Europe.

221. **Passer Indicus** (Jard. et Selb.).

P. Indicus. Jard. et Selb. — Illust. Or. p. 118. — Jerdon, 1863. B. of Ind. p. 362.

Ann. *Con chim Sẻ sẻ.*

Le moineau à tête grise est le représentant en Asie du **P. domesticus.** Il est plus petit et ses teintes sont moins nettes. Il habite les mêmes localités que le précédent.

222. **Passer flaveolus** (Blyth).

P. flaveolus. Blyih, 1844' J. As. Soc. p. 946. — Hume Str. f. 1875. p. 156. — 1878. p. 407.

Ann. *Con chim Sẻ sẻ.* (Souvent aussi *Hít cỏ*).

Ce moineau à joues et à ventre d'un jaune pâle est très commun dans toute la Cochinchine, sur les arbres autour des habitations, mais jamais dans les maisons comme le **P. indicus** et le **P. montanus.**

Hab. Indo-Chine.

Peut-être cette espèce devrait-elle rentrer dans le **P. rutilans** (Tem), de la Chine et du Japon. Le **P. cinnamomeus** (Gould) de l'Himalaya et de la Chine, et le **P. assimilis** (Walden) (du Pégu), sont dans le même cas.

223. **Munia Sinensis** (Brisson).

Coccothraustres Sinensis. Briss. 1760. — **Loxia Malacca.** var. B. L. 766. **Munia Sinensis.** A. Dav. Oustalet 1877. Ois. Chine. p. 342.

Ann. *Con chìm do dà.* Camb. *Chăp puk.*

Cette espèce de Munia à capuchon noir, formant contraste avec la teinte roux-cannelle brillante qui couvre le reste du corps, est très commune en Cochinchine.

Hab. Cochinchine, Chine méridionale.

Cette espèce est très voisine du **M. rubronigra** (Blyth), de l'Inde, Birmanie, Ténasserim, qui ne diffère que par la présence d'une rai- longitudinale noire sur le ventre.

224. **Munia topela** (Swinhoe).

M. Malacca Swinh. 1860. Ibis, 61. — **M. topela,** Swinh. 1863. p. 380, — A. Dav. Oust. 1877. Ois. Chine. p. 343.

Ann. *Con chim Sắc.* — Camb. *Cheriép Krebas.*

Cette petite espèce de Munia est très commune dans toute la Cochinchine autour des habitations et dans les haies de bambous. Elle se distingue du **M. acuticanda** par son croupion plus ou moins jaunâtre, et ses rectrices lavées de vert jaunâtre. A. David dit qu'elle est plus farouche. Je n'ai rien remarqué de pareil.

Hab. Cochinchine, Chine méridionale, Hainam, Formose.

225. **Munia acuticauda** (Hodgson).

M. acuticauda. Hodgs. 1826. Asiat. Res. XIX, p. 153. — Jerdon, 1863. B. of Ind. 11. p. 356. A. Dav. Oust. 1877. Ois. Chine, p. 343. — Hume 1878. Str. f. p. 413.

Ann. *Con Sắc đèn.* — Camb. *Cheriếp Krebas.*

Cette jolie petite espèce de Munia est très commune dans toute la Cochinchine.

Hab. Indo-Chine, Chine méridionale, Hainam, Formose, Himalaya.

226. **Padda oryzivora** (Linné).

Loxia oryzivora. L. 1759. — Aman. Acad. p. 243. — Hume 1878. Str. p. 403.

Ann. *Con Bạc má. Bach má.*

J'ai tué plusieurs Paddas dans les environs de *Saigon*. Ils avaient probablement pour origine des oiseaux échappés de cages, car je n'ai pas retrouvé cette espèce dans l'intérieur du pays.

Hab. Java, Sumatra, Célèbes. Introduit à Singapore, Manille, Madras, Zanzibar, Ste Hélène, Seychelles, Madagascar, et d'autres lieux.

227. **Estrelda flavidiventris** (Wallace).

F. flavidiventris. Wallace, 1863. Pr. Z. S. p. 495. — **E. Burmanica.** Hume, 1876. Str. f. p. 494.

Ann. *Con chim Mảnh mảnh* (très léger).

Ce joli petit Bengali à bec rouge est très commun dans toutes les régions cultivées de la Cochinchine. Les négociants chinois l'exportent en quantité à Hong Kong par les bateaux d'immigrants.

Hab. Indo-Chine.

Les **E. amandava** (Lin.), de l'Inde, et les **E. punicea** (Horsfield), de la Malaisie sont des espèces affines.

228. **Ploceus baya** (Blyth).

Euplutes baya. Blyth. J. As. XIII. p. 945. — **Pl. baya.** Jerdon, 1863. B. of Ind. 11. p. 343. Hume 1878, Str. f. p. 398.

Ann. *Con chim Dồng độc* (*dộc dọc — ông dôc*) — Camb. *Chap préy.*

Ce Tisserin est très commun dans toute la Cochinchine. Il forme des colonies qui construisent des centaines de nids sur les arbres élevés ; mais il habite aussi les broussailles.

Hab. Indo-Chine, Bengale, Népaul, Sikkim.

Le **Pl.** philippinus (L.) le remplace dans l'Inde et le **Pl.** **myarhynchus** (Hume) dans le Terai de l'Himalaya.

229. **Ploceus manyar** (Horsfield).

Fringilla manyar. Horsf. 1821. Tr. Lin. Soc. XIII, p. 160. — **Pl. striatus.** Blyth. **Ploceus manyar.** Jerd. 1863. B. of Ind. p. 348. — Hume 1878. Str. f. p. 401.

Ce Tisserin, reconnaissable aux traits noirs qui marquent les plumes du dos, est bien moins commun que le précédent. Je l'ai trouvé à *Thủ dầu một.*

Hab. Indo-Chine, Inde septentrionale et centrale.

230. **Ploceus chrysœus** (Hume).

Loxia Javanensis. Less. 1831. Tr. d'Or. 1. p. 446. **P. hypoxanthus** David apud Hume Str. f. 1875. p. 154. — **Ploceus Javanensis.** Hume 1878. Str. f. p 401. (**Pl. chrysœus**). — Hume museum.

Ann. *Con Đồng dôc vàng.*

Ce beau Tisserin jaunâtre sur le dos avec toutes les parties inférieures jaune doré, n'est pas très commun. Je l'ai tué à *Cần-giuôc* (arr. de *Chợ lớn*), près de l'ancienne Pagode, au milieu des rizières.

Cet oiseau est probablement le **Pl. philippinus** d'Horsfield (Java) La description de Lesson du **Loxia Javanensis** indique un bec jaunâtre et un manteau brun, ce qui ne s'accorde pas avec l'oiseau que j'ai recueilli en Cochinchine. Le **Loxia hypoxantha** décrit par Baudin (1800, *Man. d'Orn.*, 11, p. 429) est un oiseau différent. Pour me débarrasser de cette synonymie douteuse je crois devoir adopter provi soirement le nom donné par Hume.

Hab. Cochinchine, Siam, Laos (Schomburgk), Tong hoc] (Ramsay), Pégu, Oates.

Sturnidés.

231. **Temenuchus elegans** (Lesson).

Oriolus Sinensis. Gm. 1788. — **Pastor elegans,** Lesson. 1839. Voy. Belang — **Sturnia cana.** Blyth. 1844. — **Heterornis Sinensis.** Swinh. 1863. — **Temenuchus Sinensis.** A. David Oustalet 1877. Ois. Chine, p. 363.

Ann. *Con chim Sáo sanh lửa.*

Cet Etourneau gris cendré très clair en dessus du corps est plus ou moins lavé de roux en dessus. C'est un oiseau élégant, commun autour des habitations. Il se rapproche des Calornis.

Hab. Indo-Chine, Chine méridionale.

232. **Temenuchus Dauricus** (Pallas).

Sturnus Dauricus. Pallas, 1778. — **Pastor sturninus**. Wagl. 1827. — **P. Malayensis**. Eyton, 1839. — **Temenuchus Dauricus**. Dav. et Oust. 1877. Oiseaux Chine, p. 362. — **Sturnia sturnina**. Hume 1878. Str. f. p. 393.

Cet Etourneau à bec noir n'est pas commun en Cochinchine. Je ne l ai tué qu'à *Srok tranh*, au nord de *Tây ninh*.

Hab. Indo-Malaisie. — Chine Occidentale, Mongolie, Daourie, (Pallas).

233. **Temenuchus nemoricolus** (Jerdon).

T. nemoricolus. Jerdon, 1862. Ibis, p. 22. — **T. leucopterus**. Hume, 1874. Str. f. p. 480. (note). **T. nemoricolus**. Hume et Davison, 1878. Str. f. p. 390.

Ann. *Con Sáo sanh.*

Cet Etourneau à bec tricolore bleu vert et jaune est très commun dans toute la Cochinchine. Il diffère des espèces affines le **T. malabaricus** (Gmel.) de l'Inde et **T. Blythii** (Jerdon) par les taches blanches qu'il a sur l'aile.

234. **Sturnia Burmanica** (Jerdon).

Temenuchus Burmanicus. Jerdon, Ibis. 1862. p. 21. Birmanie. — Blyth. J. As. Soc. 1862. p. 342 (Thaejet myo). — Hume Str. f. 1875, p. **Acridotheres leucocephalus**. Giglioli et Salvadori. 1870. — Atti **Ac. Torino** 1870, p. 273. 276. — Ibis, 1870, p. 185.

Ann. *Con Sáo saû.*

Cette grande espèce d'Etourneau qui forme un intermédiaire entre les **Temenuchus** et les **Acridothères** a la tête et le cou blancs, un espace nu autour de l'œil d'une couleur noir rougeâtre. La description de Jerdon pour l'oiseau de Birmanie convient parfaitement à l'oiseau de Cochinchine décrit par Giglioli et Salvadori. — *Voyage autour du monde du vaisseau Italien « le Magenta » en* 1865-1866; Oiseau tué à *Thủ đức* le 7 juin 1866, et le nouveau nom me semble parfaitement inutile. C'est un oiseau très commun dans toutes les parties boisées de la Cochinchine. Le musée de Lyon possède de nombreux exemplaires que je lui ai envoyés.

Hab. Cochinchine, Birmanie (Jerdon), Tonghoo col. (Phayre), Arakan (Blanford), Rangoon, (Tickell).

235. **Acridotheres Siamensis** (Swinhoe).

A. Siamensis. Swinh. 1863. P. Z. S. p. 303. — Hume 1878 Str. f. p. 388.

Ann. *Con chim Sáo. Sáo đèn. Sáo trâu. Cương trâu.* — Camb. *Sraka kev.* — Chinois *Pa Ko* nuit. (Ar. David).

Cet Etourneau noir, le merle pour les Européens, est très commun dans toute la Cochinchine. Il diffère de l'**A. cristatellus** (L., l'espèce chinoise) par la couleur de son bec jaune brillant (au lieu de jaune pâle, rose à la base) et son ventre blanc au lieu de noir, avec les plumes terminées par du blanc. Je conserve le nom de Swinhoe jusqu'au moment où j'aurai pu le comparer avec les types. Hume pense que l'**A. Siamensis** doit être confondu avec l'**A. fuscus** (Wagl), de l'Inde. L'**A. Javanicus** (Tabanis) de Java, et l'**A. grandis** (Moore), de Sumatra, sont aussi des espèces affines.

Hab. Indo-Chine méridionale.

236. Gracupica nigricollis (Payk).

Gracula nigricollis. Payk. 1766. Act, Holm. XXVIII. pl. 9.—**P. temporalis.** Wagl. 1827. – **Granupica melanoleuca.** Lesson. 1831. — **Gr. nigricollis.** Swinhoe. — A. Dav. Oust. 1877. Ois. Chine, p. 364.

Ann. *Con Cưởng. Con Cương bông.* — Camb. *Kreléng Kreloung.* — Siamois. *Nock Klíng Klong* (Schomburgk).

Ce grand Etourneau à tête blanche et collier noir avec une partie de la tête dénudée autour de l'œil, d'un jaune vif, est un des oiseaux les plus communs dans toute la Cochinchine. C'est un de ceux que les Indigènes élèvent le plus volontiers. C'est aussi un des oiseaux de cage les plus intelligents et les plus amusants qu'on puisse voir. Schomburgk dit qu'à Siam il ne peut vivre en cage. Si Schomburgk était venu à Saigon, il aurait pu en voir des centaines vivant en cage avec facilité.

237. Calornis chalybœus (Horsfield).

C. chalyboeus. Horsfield. — Sharpe 1876. Ibis p. 46. — Salvadori. Uccelli do Borneo, p. 271 — Hume, 1878. Str. f. p. 394.

Ce superbe oiseau noir à reflets vert-métallique est rare en Basse-Cochinchine. Je ne l'ai vu qu'à *Basê* sur les Dipterocarpus de la Pagode.

Hab. Cochinchine, Java, Sumatra, Bornéo, Malacca, Ténasserim méridional.

238. Eulabes Javanensis (Osbeck).

Gracula Javanensis. Osbeck.—**Gr. intermedia.** Hay. — **Eulabes intermedia.** Jerdon 1863. B. of Ind. p. 339. — Tweedale, 1877, Ibis. p. 319. Hume, 1878. Str. f. p. 396.

Ann. *Con Nhồng. Con Sánh.* — Camb. *Sraka ulông.*

Le merle mandarin des Européens est un très bel oiseau noir à reflets pourprés et verts. Il est commun dans les grandes forêts et je l'ai tué à *Đồng lách*, *Bảo lông* et *Cái Cung.* Il parle avec netteté et retient des phrases entières. C'est un oiseau plus doux que les Perroquets qu'il égale comme parleur — de plus, il est moins criard. Très recherché par les Annamites, il atteint souvent une valeur vénale de plusieurs centaines de francs quand son éducation vocale a été bien dirigée.

Hab. Cochinchine, Siam, Ténasserim, Malacca, Java, Sumatra.

Le mainate de l'Inde **E. religiosa** L. a le bec moins fort, la taille plus petite et des caroncules plus larges. Je n'ai pu comparer l'oiseau de Cochinchine avec l'**E. Sinensis** (Swinh) de Chine et l'**E. Haïnanus** (Swinhoe) de Haïnam.

239. Ampeliceps coronatus (Blyth).

A. coronatus, Blyth, — Hume Str. f. 1876. p. 335. 1878. p. 398.

Ce magnifique oiseau à front, crête, et gorge jaune doré, est indiqué par Blyth comme habitant la Cochinchine. Je ne l'ai pas rencontré.

Hab. Cochinchine (Blyth), Ténasserim, Tonghoo, Cachar (Inglis).

Corvidés.

240. Corone insolens (Hume).

C. insolens. Hume 1874, Str. f. p, 480. — **C. impudicus**. Hodgson. — **C. splendens**. Sharpe, 1877. Cat. of. Coliom. — (Sous-esp. **C. insolens**).

Ann. *Con Quạ* (*quạ quạ*. — Camb. *Kâêk*.

Cette Corneille noire appartient à une variété mélanoïde du **C. splendens** de l'Inde dont elle a toutes les habitudes. Elle habite en grandes troupes tous les endroits habités. Jamais je n'ai vu de Corneille à nuque grise en Cochinchine. Davison, au reste, nous a appris que celles qui avaient été observées à Singapore avaient été importées de Calcutta.

Hab. Indo-Chine.

241. Corone macrorhyncha (Wagler).

C. macrorhynchus Wagl. Sharpe 1877. Cat. of Coliom. sous-esp. et **C. Levaillantii**, — **Corvus Levaillantii** (Lesson), **Corvus macrorhynchus**. Hume 1878. Str. f. p. 380.

Ann. *Con Quạ* (*quạ quạ*).

Cottte Corneille noire est la plus commune à *Saigon* et *Thù dầu một*, comme dans toute les régions boisées. D'autre part, je ne l'ai pas vue à *Trà vinh* où le **C. insolens** abonde. La sous-espèce à laquelle Sharpe a conservé le nom de Wagler ne diffèrerait que par la couleur blanche de la base de ses plumes. Le Corbeau de Cochinchine appartient à la sous-espèce **C. Levaillanti** qui est signalée au reste comme habitant l'Indo-Chine et Haïnam.

242. **Pica caudata** (Linné).

P. caudata. L. 1748. — **P. leucoptera**. Gould. 1862. B. of Asia Liv. XIV.

Ann. *Con chim ác là.*

La pie vulgaire est exceptionnelle en Basse-Cochinchine. Mais le nom sous lequel elle est connue dans le reste de l'Annam et au Tonkin est vulgaire. Aussi les Annamites de nos provinces appliquent souvent ce nom à tort au **Coraicas affinis**. Pour ma part, je n'ai pu voir ni à *Saigon*, ni à *Tây ninh*, ni à *Trà vinh* aucune Pie. Elle n'est pas rare à *Qúi nhơn.*

243. **Crypsirina varians** (Latham).

Glaucopis varians. Lath. — **C. varians**. Hume 1875. Str. f. p. 145. 1878. Str. f. p. 386.

Ann. *Con chim Khách.* — Camb. *Rontép.*

Ce bel oiseau à reflets vert métallique avec le front noir velouté et les yeux bleu turquoise est extrêmement commun en Cochinchine partout où il y a des arbres et des bambous.

Hab. Cochinchine, Pégu, Ténasserim.

Il n'a pas été trouvé dans la Péninsule Malaise au sud de Mergui. Le **C. cucullata** appartient au Pégu supérieur; le **Platysmurus leucopterus** (Tem) est confiné au Ténasserim, à la Péninsule Malaise et à Sumatra; le **Pl. aterrimus** à Bornéo.

244. **Temnurus truncatus** (Lesson).

T. truncatus. Lesson. 1831. — Trait. d'Ornith. p. 341. — Tem. pl. col. 337. — Sharpe, 1877. — Cat. of Coliom.

Il n'y a qu'un exemplaire connu de cet oiseau, celui qui a servi à la description de Lesson qui le dit originaire de Cochinchine. Pour ma part, je n'ai pu retrouver en Cochinchine aucun oiseau ressemblant à la planche de Temminck et au type du muséum de Paris que j'ai pu examiner grâce à la bienveillance de MM. Milne Edwards et Oustalet. Je soupçonne que ce type pourrait être un oiseau de production artificielle fabriqué de toutes pièces. Un examen attentif de la pièce restée unique pourrait éclaircir ce fait qui s'est déjà présenté dans les Annales de l'Ornithologie. M. Hume, un savant du plus grand mérite, a été autrefois la victime d'une erreur de ce genre. Le bec de l'oiseau du muséum est différent du bec des Tamia et des Glaucopis et les plumes de la queue sont carrées à l'extrémité, comme celles de la queue d'un Tamia âgé qui auraient été usées à l'extrémité, puis ébarbées.

244 *bis*. **Garrulus leucotis** (Hume).

G. leucotis. — Hume Proceedings of As. Soc. of Bengale. 1874 mai. — Stray feathers. 1874, p. 443.

Camb. *Pophléahk.*

Ce beau Geai diffère des autres espèces signalées dans l'Inde par la couleur noire de sa nuque et de son occiput. Il n'a pas de taches blanches sur les couvertures secondaires qui sont barrées de bleu comme les couvertures primaires.

Je n'ai vu qu'un seul exemplaire de ce Geai qui paraît très rare en Basse-Cochinchine où il n'est pas connu des indigènes. Il provenait du canton de *Binh mang* au nord de *Thù dâu một*. Cet exemplaire avait été tué par M. Bertin d'Avesnes, administrateur.

Columbidés.

245. Crocopus viridifrons (Blyth).

Trevon viridifrons, Blyth. 1845. J. A. S. Beng. XIV. p. 1849. — **Crocopus viridifrons**, Wallace, 1865. Ibis p. 365. — Hume Str. f. 1875. p. 161. 1878 p. 410.

Ann. *Con Cu xanh.* — Camb. *Préap baitang.*

Ce beau Pigeon vert, à pieds jaune de chrome, est commun dans les forêts et les localités où se trouvent de grands arbres. Il ressemble au **Cr. phœnicopteru** (Lath), de l'Inde, dont il diffère par son front vert et la couleur jaune verdâtre de la base de sa queue.

Hab. Indo-Chine.

246. Osmotreron phayrei (Blyth).

O. phayrei. Blyth. J. A. S. XXXI. p. 144. — Jerdon, 1864. B. of Ind. 11. p. 451. — Hume, 1875. Str f. p. 162. —

Cette belle espèce se distingue par son manteau marron. Sa coloration générale approche de celle du Treron, mais son bec est bleu et non jaunâtre ; il n'a pas d'espace dénudé verdâtre autour de l'œil, et la base du bec n'est pas rouge.

Hab. Indo-Chine et Bengale.

247. Osmotreron vernans.

Columba vernans. L. — **C. viridis.** Scop. — **Treron viridis.** Wall. 1865. Ibis p. 365. — **Osmotreron vernans**, Hume, Str. f. 1873. p. 461. 1878 p. 411.

Ann. *Con Cu xanh.*

C'est le plus commun des Pigeons verts de Cochinchine et on le trouve partout où il y a des Banians, en janvier, février et mars. Il est voisin de l'**O. bicineta** (Jerdon), de l'Inde, et de l'**O. Phayrei** (Blyth), par sa tête complètement grise chez le mâle et sa poitrine munie d'un plastron orangé. Il a les pieds rouges.

Hab. Cochinchine, Ténasserim, Malacca, Java, Sumatra, Philippines.

248. Osmotreron bicineta.

Vinago bicineta. Jerdon. Ill. Ind. or. pl. 31. — **Os. bicineta**, Jerdon, 1863. B. of Ind. 11. p. 449.

Ce beau Pigeon vert à pieds rouges est bien moins commun que le précédent, dont il se distingue par la couleur verte du front et du sommet de la tête, l'occiput seul étant gris. Je l'ai tué à la pagode de *Bình hòa* près *Saigon.*

Hab. Cochinchine, Ténasserim, Inde, Ceylan.

249. **Osmotreron fulvicollis** (Wagl).

Os. fulvicollis. Wagl. — Hume, 1878. Str. f. p. 412.

Il a la tête et le cou d'un rougeâtre vineux. Je n'ai tué qu'un seul exemplaire de cette espèce.

Hab. Péninsule Malaise, de Ténaserim, Sumatra et Bornéo.

250. **Treron Nipalensis.**

Toria Nipalensis, Hodgson. As. res. XIX. p. 164. — Hume, 1875. Str. f. p. 160. — 1878. p. 410.

Ce Pigeon vert n'est pas aussi commun que les **Crocopus** et les **Osmotreron.** On le reconnaît à son bec beaucoup plus puissant et à l'espace nu vert-pomme qui surmonte son œil. Je l'ai tué à *Suối nước* et à *Thủ dầu một.*

251. **Sphenocereus Korthalsi** (Bonaparte).

Sph. Korthalsi. Bonaparte.

Ce Pigeon vert, est remarquable par la longueur de ses rectrices centrales qui deviennent très étroites à l'extrémité. Il est vert, avec un manteau marron, et la poitrine orangée. Le ventre et les couvertures inférieures jaune-cannelle clair. L'exemplaire que j'ai donné au Muséum de Lyon provenait des environs de *Thủ dầu một.* C'est une espèce rare.

252. **Carpophaga œnea** (Linné).

Columba œnea. L. 1766. — **C. sylvatica.** Jerdon, 1864. B. of Ind. III. p. 445. — **C. œnea.** — A. Dav. et Oust. Ois. Chine, 1877. p. 381. — Hume, 1878. Str. f. p. 416.

Ann. *Con Cu Ghầm ghì.*

Ce magnifique Pigeon, le plus gros de ceux qu'on trouve en Cochinchine, a toutes les parties supérieures d'un vert métallique brillant. Il habite les forêts et ne vient dans les régions habitées que sur les grands arbres (les Figuiers), à l'époque des fruits. Il vole à une grande hauteur et son cri est d'une puissance étonnante. Je l'ai vu à *Tây ninh*, *Suối nước*, *Đồng lách*, *Bến cát* et dans toutes les forêts étendues.

Hab. Indo-Chine, Haïnam, Inde, Ceylan.

253. **Columba intermedia** (Strickl).

C. intermedia. Strickl. 1844. Jerdon, 1864. B. of Ind. 11. p. 459. — A. Dav. Oust. 1877. Ois. Chine, p. 385.

Ann. *Con Bò câu.*

Cette race de Pigeon bleu, souche du Pigeon domestique de l'Asie orientale, diffère de la Colombe Bizet (**C. livia**) par la teinte gris-brunâtre du croupion, qui est blanc, dans l'espèce Européenne. Le Pigeon domestique se trouve en Cochinchine dans tous les endroits habités. Mais on rencontre dans les pays où se trouvent des Pagodes cambodgiennes, des individus redevenus sauvages. J'ai pu constater le fait à *Trà vinh* et à *Ba sé.*

254. **Chalcophaps indica** (Linné).

C. indica. L. 1766. — **C. javanensis.** Mull. 1776. — **C. indicus.** Jerdon, 1864. B. of Ind. 11. p. 485. — A. Dav. Oust. 1877. — Ois. Chine, p. 384.

Ann. *Con Cu luồng.*

Cette belle Tourterelle a toutes les parties supérieures du vert doré le plus brillant. Elle fréquente de préférence les fourrés de bambous ou les chemins dans les pays de forêts où il est commun. Je l'ai tuée à *Tây ninh* même, à *Đông lách*, à *Cuối nước*, etc.

Hab. Indo-Chine, Inde, Chine méridionale, Hainam, Formose, Philippines, Archipel Malais, Célèbes.

255. **Turtur tigrina** (Temminck).

T. tigrina. Tem. — Hume, 1873. Str. f. p. 461. 1878 Str. f. p. 422.

Ann. *Con Ca đất.* — Camb. *Rolok trâng.*

Cette jolie Tourterelle est un des oiseaux les plus communs en Cochinchine. On la trouve partout sauf dans les forêts épaisses, et dans les régions tout à fait sans arbres.

Hab. Indo-Chine, Java, Lombock, Célèbes, Floris, Timor, Ternate.

En Chine, elle est remplacée par le **T. Chinensis** (Scop.), et dans l'Inde, par le **T. suratensis** (Gm.) dont elle diffère très peu.

256. **Turtur meena** (Sykes).

Columba meena. Sykes — Jerdon, 1864. B. of Ind. p. 476. — Hume, 1878, Str. f. p. 420.

Ann. *Con Ca lửa.*

Cette Tourterelle, d'un roux vineux, est rare en Cochinchine; on la trouve parfois dans les rizières en compagnie du **T. Tigrina** (*Thủ dầu một.*

Hab. Indo-Chine.

257. **Turtur humilis** (Temminck).

T. humilis. Tem. 1838. pl. col. 259. o. 258. — **T. humilis**. Jerdon. 1864, B. of Ind. p. 482. A. Dav. Oustalet, 1877. Ois Chine, p. 388. — Hume Davison, 1878. Str. f. p. 423.

Ann. *Con Cu Ngói* (couleur de tuile). — Camb. *Rolok*.

Cette jolie petite Tourterelle est très-commune en Cochinchine, sauf dans les forêts épaisses. Je l'ai vue à *Trà vinh*, aussi répandue qu'à *Thù dầu một* et à *Tây ninh*. Elle serait plus sauvage que les autres Tourterelles et ne s'approcherait pas des habitations, d'après A. David. Mes observations ne sont point en accord avec celles du savant missionnaire. J'ai tué souvent cette tourterelle des fenêtres de ma maison à *Thù dầu một*. Elle venait se poser sur les arbres du voisinage sans aucune espèce de sauvagerie particulière.

Hab. Indo-Chine, Inde, Philippines, Ceylan, Chine méridionale, en été, sans dépasser le Hoang-Ho.

258. **Calœnas Nicobarica** (Linné).

Columba nicobarica. L. — Hume Str. feath. 1874. p. 271 — 1878. p. 425.

Le Pigeon de Nicobar, ou de Poulo-Condore, comme on le nomme en Cochinchine, est un des plus beaux parmi les pigeons. On ne le trouve dans les possessions françaises qu'à Poulo-Condore et *Phú Quốc* et surtout dans les petites îles du groupe. Blyth le croyait commun aux îles Mergui ; mais Hume et Davison pensent qu'on ne le trouve pas du tout au Ténasserim.

Hab. Poulo - Condore, Nicobars, Batchian, Nouvelle-Guinée.

Tetraonidés

259. **Francolinus chinensis**. (Brisson).

Perdix chinensis. Brisson, 1766. Ornith. 1. p. 234. pl. 28.— **Tetrao sinensis**. Osbeck. 1771. A. Voyage to Chine. — **Tetrao pentadeanus** Scop. 1786. **T. perlatus** Gmel. 1788. — **Francolinus chinensis**. A. Dav. Oustal. 1877. Ois. Chine; p. 400. — Hume 1878. Str. f. p. 413.

Ann. *Con chim Đa đa*. Camb. *Totéa*.

Le Francolin perlé est la Perdrix de la Cochinchine. Il habite les bois et se perche sur les arbres; mais il se réfugie aussi dans les broussailles et les hautes herbes.

Hab. Cochinchine, Chine méridionale, Haïnam. Introduit à l'Ile de France.

260. **Arboricola chloropus** (Tickell).

A. chloropus. Tickell. 1859. J. As. Soc. p. 415 et 454. — **Peloperdix chloropus**. Hume Str. f. 1874. p. 449. — 1875. p. 176. — 1878. p. 444.

Cette espèce de perdrix est rare en Basse-Cochinchine. Je ne l'ai trouvée qu'à *Khdol* village cambodgien au nord de la montagne de *Tây ninh*. Elle se cache dans les fourrés épais.

Hab. Cochinchine, Ténasserim.

Cette espèce est voisine de l'**A. Charltoni** (Eyton).

261. Excalfactoria Sinensis (Linné).

Tetrao chinensis. L. 1766. S. N. 1. p. 277. — **Escalfactoria chinensis.** Bonaparte 1854. — Jerdon, 1864. B. of Ind. 11. p. 591. — A. Dav. Oust. 1877. Ois. Chine, p. 397. — Hume, 1878. Str. f. p. 447.

Ann. *Con Cúc. Cut.*

Cette charmante petite Caille est la moins commune des Cailles de Cochinchine. On la reconnaît à sa petite taille et à sa poitrine d'un gris soyeux (chez le mâle). Elle habite les rizières, les plaines gazonnées. Je l'ai tuée à *Chợ lớn* (plaine des tombeaux) et à *Trà vinh.*

Hab. Cochinchine, Ténasserim, Birmanie, Chine méridionale, Philippines, Bengale, Ceylan.

262. Turnix plumbipes (Hodgson).

Hemipodius plumbipes. Hodgs. — **H. pugnax.** Apud Gray. — **Turnix plumbipes.** Hume, 1878. Str. f. 450.

Ann. *Con Cút.* Camb. *Kruôch.*

La Caille à poitrine noire est la plus commune en Cochinchine. Je l'ai tuée à *Saigon. Chợ lớn*, *Thù dầu một.*, *Trà vinh.* Hume observe avec raison qu'une description exacte de cet oiseau est impossible, car on n'observe pas deux specimens semblablement colorés. On le trouve surtout dans les broussailles.

Hab. Cochinchine, Ténasserim, Birmanie, Bengale, Himalaya.

263. Turnix maculosus (Temminck).

T. maculosus. Tem. 1813. 1818. Hist. nat. Pig. Gallin, III. p. 631. A. Dav. Oust. 1877. Ois. Chine, p. 398. — Hume 1878. Str. f. p. 452. — **T. Blanfordi.** Blyth 1863. J. A. S. p. 80.

Ann. *Con Cúc* Camb. *Krŭoch.*

La Caille à poitrine rousse n'est pas rare. On la trouve comme la précédente dans les broussailles, *Saigon, Chợ lớn, Thù dầu một, Tràvinh.*

Hab. Cochinchine, Chine, Péninsule Malaise, Ténasserim, Birmanie.

C'est le représentant du **T. Joudera** (Hodgson), de l'Inde. — (**T. Dussumieri**, Tem.)

Phasianidés

264. **Pavo muticus** (Linné).

P. muticus. L. 1766. S. N. 1. p. 731. — **P. javanicus.** Horsf. 1821. — **P. spiciferus**, Vieillot, 1834. — A. Dav. Oust. 1877 Ois. Chine. p. 402. — Hume, et Davison 1878. Str. f. p. 405.

Ann. *Con Công.* — Camb. *Kângàk.*

Le Paon spicifère est un magnifique oiseau, plus grand et plus richement orné que le **P. cristatus** (L.) de l'Inde, souche du Paon domestique en Europe. Dans les grandes forêts il habite en troupes composées souvent de plus de vingt individus et est un oiseau très commun.

Hab. Indo-Chine, Java, Sumatra, Bornéo.

265 **Polyplectron Germaini** (Elliot).

P. germaini. Elliot. Ibis, 1866 p. Monog. of Phas. Pl. — **P. intermedius.** Hume Str. feath. p. 36. 1873.

Ann. *Con Gà sao.* — Camb. *Mâhn-tôu.*

Ce superbe éperonnier représente les Argus en Cochinchine; on le trouve dans la région de la Basse-Cochinchine, que j'ai visitée dans toutes les forêts étendues surtout au nord de *Thủ dầu một*, *Tây ninh*, et de *Biên hòa.*

Hab. Cochinchine.

Cette espèce est voisine du **P. chinquis.**

266. **Euplocamus prælatus** (Bonaparte).

Diardigallus prælatus. Bonaparte. — **E. prælatus.** Schomburgk, 1864. Ibis p. 246. Elliot, 1870. Mon. of Phasian.

Ann. *Con Gà lội.* — Camb. *Mâhn-tôu.* — Siamois, *Kaipha.*

On trouve ce beau Faisan dans toutes les grandes forêts du Nord et de l'Est de la Cochinchine, et il n'est pas rare à *Vô đức* (*Thủ dầu một*) et aux environs de *Tây ninh.*

Hab. Cochinchine, Cambodge, Siam, Laos.

267. **Gallus ferrugineus** (Gmelin).

Tetrao ferrugineus. Gmel. 1788. S. N. 1. page 761. (excl. syn). — **Gallus Bankiva.** Tem. 1813. — **G. Ferrugineus.** Jerd. 1864. B. of Ind. 11. p. 536. — Elliot. 1870. Mon. of. Phas. Liv. 1. — A. Dav. Oust. 1877. Ois. Chine, p. 420. — Hume Davison, 1878. Str. f. p. 442.

Ann. *Con Gà rừng.* — Camb. *Mâhn prĕy.*

Le Coq sauvage est très commun dans toutes les forêts de la Cochinchine. Dans les villages forestiers, on observe souvent des croisements entre l'espèce sauvage et la poule domestique.

Hab. Cochinchine, Indo-Chine, Haïnam, Java, Sumatra, Philippines, Célèbes,— Himalaya, une partie de l'Inde et du Turkestan, introduit à Taïti, en Nouvelle Calédonie, aux îles Tonga, Viti.

A Ceylan habite le **Gallus Stanleyi** (Gr.), à Sumatra et dans l'Archipel c'est l'espèce du Continent Indo-Chinois. Dans l'Inde on trouve le **Gallus ferrugineus** et le **Gallus Sonnerati** (Temminck).

Charadridés

268. Lobivanellus atronuchalis (Blyth).

Sarcogramma atronuchalis, Blyth, 1862. J. As. Soc. of Beng. XXXI. p. 345. note.— Hume 1875. Str. f. p. 181. — 1878. p. 457.

Ann. *Con chim Te te*. (*te te huach*). Camb. *Tradévéch.*

Ce Vanneau est très commun dans toute la Basse-Cochinchine, partout où il y a de l'eau.

Hab. Indo-Chine.

L'espèce voisine (de l'Inde), le **L. goensis** Gmel, est nommée à *Ti-ti* ou *Taï-ti* par les indigènes. Son cri est semblable.

269. Chettusia cinerea (Blyth).

Labiranellus cinereus. Blyth. 1842. J. As. Soc. Beng. XI p. 587. — **L. inornatus**. Tem, et Schleg. 1850. F. Jap. 106. pl. 63. —**Ch. inornata**. Jerdon. 1864. B. of Ind. 11. p. 646. — **Ch. cinerea**. A. Dav. Oust. 1877. Ois. Chine, p. 422. — Hume, 1878. Str. f. p. 456.

Le grand Vanneau gris n'est pas rare dans les plaines inondées (à la saison des pluies) du nord de la Cochinchine. Je l'ai tué à *Srok tranh.*

Hab. Cochinchine, Chine, Ténasserim, Birmanie, Bengale.

270. Hoplopterus ventralis (Cabanis).

Charadrius ventralis. Cabanis.— **Ch. Duvaucelii**. Lesson 1828.— **Hopl. ventralis**. Jerd. 1864. B. of Ind. 11. p. 650. A, Dav. Oust, 1877. Ois. Chine, p. 423. — Hume, 1875, Str. f. p. 181. 1878 p. 457.

Ann. *Con Te te cua* (Le *Te te* à éperon).

On reconnaît facilement ce beau Vanneau à sa huppe noire et à son éperon alaire très développé. Il est commun dans toute la Cochinchine.

Hab. Inde, Indo-Chine, Haïnam.

271. **Squatarola helvetica** (Brisson).

Vanellus helveticus, Brisson, 1760. Ornith. v. — **Sq. helvetica**, Bonap. 1856. Jerdon, 1864. B. of Ind. 11. p. 635. — A. Dav. Oustalet, 1877. Ois. Chine, p. 424.

Le Pluvier gris ou argenté, nommé souvent Vanneau Suisse en Europe, est un oiseau qui niche dans la région arctique de l'ancien monde. J'en ai trouvé occasionnellement un exemplaire au marché de Saigon.

Hab. Europe, Asie.

272. **Charadrius fulvus** (Gmelin).

Ch. fulvus. Gmel. 1788. S. N. 1. p. 687. Jerdon 1864. B. of Ind. p. 636. A. Dav. et Oust, 1877. Ois. Chine, p. 424. — **Ch. pluvialis**. Pallas. 1811. — **Ch. longipes**. Temm.

Ann. *Con mỏ nhac hỏa.*

Le Pluvier doré, très commun en Cochinchine, est une espèce très voisine du Pluvier doré d'Europe, **Ch. pluvialis** (Linné). Sa taille est plus faible, et son plumage moins marqué de taches jaunes. C'est une simple race occupant l'Asie Orientale et la Malaisie. Le **Ch. Virginicus** de l'Amérique du Nord paraît n'être également qu'une autre race du même oiseau.

273, **Ægialitis Geffroyi** (Wagler).

Charadrius Geffrayi. Wagler. 1827. Syst. as. p. 61. — **Ch. fuscus**. Puch. 1851. — **Ægialites Geffroyi**. Jerdon, 1864. B. of Ind. p. 638. — A. Dav. Oust. 1877. Ois. Chine, p. 426.

Ann. *Con chim Oẻ cau.* — Camb. *Săt chœung tiên.*

Le Pluvier de Geoffroy se distingue par sa taille (0.23), sa bande pectorale et sa nuque d'un roux pâle. Commun en Cochinchine, il habite toute l'Asie Orientale, l'archipel Austro-Malais, l'Australie, l'Afrique Orientale et Australe.

274. **Ægialitis mongolus** (Pallas).

Charadrius mongolus. Pallas 1776. Reis. 111. p. 700. — **Æg. pyrrhothorax**. Jerdon, 1864. B. of Ind. 11. p. 639. — **Æ. mongolicus**. A. Dav. Oust. 1877. Ois. Chine, p. 427. Hume et Davison, 1878. Str. f. p. 455.

Ann. *Con chim Oẻ câu.*

Ce petit Pluvier, à poitrine, d'un roux vif, est très commun en Cochinchine pendant la saison sèche.

Hab. Mongolie, se répandant de là dans l'Asie Orientale, l'Australie et la Russie d'Europe.

275. **Ægialitis dubius** (Scopoli).

Ch. dubius, Scop. 1786. — **Æg. curonicus**. Gm. — **Charad. philippinus**, Lath. 1790. — **Æg. fluviatilis** Sap. apud Jerdon. B. of Ind. 11. p. 640. — **Æg. dubius**. A. Dav Oust. 1877. Ois. Chine, p. 429. — **Æ. curonicus**. Hume et Davison, 1878. Str. feath. p. 456.

Ann. *Con chim Oê câu.*

Ce petit Pluvier se reconnaît à ses rectrices latérales blanches avec une tache noire aux deux tiers de leur longueur. Il est commun en Cochinchine durant la saison sèche.

Hab. Asie et bassin de la Méditerranée.

276. **Ægialitis Cantianus** (Latham).

Charadrius Cantianus. Lath. 1802. Ind. Suppl. p. 62. — **Ch. littoralis**. Bechst. 1809. — **Ch. Cantianus**. Jerdon, 1864. B. of Ind. 11. p. 640. — **Æg. Cantianus**. Arm. Dav. Oustal. 1877, Ois. Chine, p. 431. —

Le petit Pluvier à collier interrompu habite à la fois l'Asie et l'Europe.

277. **Ægialitis minutus** (Pallas).

Charadrius minutus. Pallas apud Jerdon, 1864. B. of. Ind. 11. p. 461. — **Ch. pusillus**. Horsfield.

C'est le plus petit des Pluviers. J'en ai tué plusieurs aux environs de *Saigon*. Il a un collier blanc et il ressemble à l'**Æg. dubius** avec une taille plus petite, des pattes plus grêles et des doigts plus courts.

Hab. l'Inde et l'Indo-Chine.

Glareolidés

278. **Glareola orientalis** (Leach).

Gl. orientalis. Leach. 1820. Tr. Lin. Soc. XIII. p. 132. pl. XIII. 1 et 3. — Jerdon, 1864. B. of Ind. 11. p. 631. — A. Dav. Oust. 1877. Ois. Chine, p. 421. — Hume et Davison, 1878. Str. f. p. 454.

Ann. *Con chim Đồ nách.*

Commune dans toute la région cultivée de la Cochinchine. Cette Glareole habite toute l'Asie orientale ou elle remplace la **Gl. pratincola** d'Europe.

Gruidés

279. **Grus Antigone** (Linné).

Ardea antigone. Lin. — **Grus torquata**. Vieillot. — Jerdon, 1864. B. of Ind. 11. p. 662. Hume et Davison, 1878. Str. f. p. 458.

Ann. *Con Séo*. — Camb. *Kriĕl*

Cette Grue est un bel oiseau gris cendré, à tête et cou sans plumes et de couleur carmin chez le mâle adulte. Elle est commune en Cochinchine et on la voit souvent en captivité.

Hab. Indo-Chine, Bengale, Inde Centrale, rare au Sud de la Godavery.

Ardéidés

280. **Ardea cinerea** (Linné).

A. cinerea. Lin. 1766. — **A. brag**. Ls. Geoff. 1828-30. Voy. Jacquemont, 85. Atlas pl. v. — **A. cinerea**. Jerdon 1864. B. of. Ind. 11. p. 431.

Ann. *Con Diệc* (ou *riệc*). — Camb. *Kâsa*. — Chinois, *Tsin-Tchouan*, *Hiouij-hao*. et *Lou-tse* (A. David).

Le Héron cendré est commun en Cochinchine et il niche souvent sur les arbres élevés autour des pagodes. Les Annamites et les Cambodgiens respectent ces Héronnières et leur attribuent parfois la prospérité du village.

Hab. Asie, Europe.

281. **Ardea Sumatrana** (Raffles).

A. Sumatrana. Raffles. — **A. retirostris**. Gould. B. of Austr. vi, pl. 54. — **A. typhon**. Tem pl. col. 175. — Jerdon 1864. B. of Ind. 11. p. 440. — Hume et Davis. 1878 Str. f. p. 469.

Ann. *Con Diệc mốc*. — Camb. *Kâsa*.

Ce Héron gris est de plus grande taille que le Héron cendré, il s'en distingue par la couleur gris foncé de la tête et de la crête occipitale. Il n'est pas rare dans les arrondissements avoisinant la mer, et je l'ai tué plusieurs fois à *Trà vinh*.

Hab. Indo-Chine, Malaisie.

L'A. insignis. — (Hodgs), de l'Himalaya est voisin.

282. **Ardea purpurea** (L).

A. purpurea. L. 1766. — Jerdon, 1864. B. of. Ind. 11, p, 743. — A. Dav. Oust. 1877. Ois. Chine, p. 438.

Ann. *Con Diệc lửa*. — Chinois, *Hong hao* (A. David).

Le Héron brun, commun dans toute la Cochinchine, est identique à l'espèce d'Europe.

283. **Herodias intermedia** (Wagler).

284. **Herodias torra** (Buchanan Hamilton).

Ardea torra. Buch. Hamilton et Franklin. — **A. alba**. Lin. pars. — **Herodias alba**. Jerdon. B of Ind. 11. p. 744. — **Her. alba**. Schlegel, 1864. — **Her. torra**. Hume et Davison. 1878. Stray, feathers p. 472.

Ann. *Con Cò trăng*. — Chinois, *Paehao* (A. David). Cambodgien, *Kŏk Krâk*.

La grande Aigrette de Cochinchine a le bec noir en juillet et en août. Vers septembre, j'en ai trouvé ayant le bec jaune avec la pointe noire. Hume observe avec raison que le changement de couleur du bec dépend de la saison et non de l'âge de l'oiseau. Il m'est impossible actuellement de séparer distinctement l'aigrette nommée par Wagler de l'Aigrette **Torra**.

Hab. Asie orientale.

285. **Herodias garzetta** (Linné).

A. garzetta. L. 1766. — **A. nigripes**. Tem. 1840. — **A. immaculata**. Gould. 1848. — **Herodias garzetta**. Jerdon, 1864. — B. of Ind. 11. p. 746. — A. David Oustalet, 1877. Ois. Chine, p. 440. — Hume, 1878. Str. f. p. 470.

Ann. *Con Cò nghà* (*Cò Cá*). — Chinois, *Siao pac hao* (A. David). — Camb. *Kŏk krebey*.

La petite Aigrette blanche est extrêmement commune ; le long des fleuves de Cochinchine, les arbres en sont parfois couverts comme de fleurs blanches.

Hab. Europe tempérée, Afrique, Inde, Indo-Chine, Chine, Japon, Malaisie.

286. **Herodias eulophotes** (Swinhoe).

H. eulophotes. Swinh. 1860. Ibis. p. 64. — Schleg. 1864. Mus Pays-bas. — Ardeæ. p. 29. Hume et Davison, 1878. Str. f. p. 478.

Swinhoe a décrit une petite Aigrette blanche de la Chine méridionale et de Formose qu'il distingue de l'**H. garzetta** par son bec plus court, plus fort et constamment jaune, enfin par une huppe occipitale formée d'une touffe abondante et non de plumes déliées. Plusieurs des Aigrettes que j'ai recueillies en Cochinchine me paraissent rentrer dans cette division.

287. **Bubulcus coromandus** (Boddaert).

Cancroma coromanda. Bodd. 1783. Tabl. Pl enl. p. 54. — **A. ruficapilla**. Vieillot. — **Buphus coromandus**. Jerdon. 1864. B. of Ind. p. 749. **Bubulcus coromandus**. A. Dav. Oust. 1877. Ois. Chine. p. 441.

Ann. *Con Cò trâu*. Le Héron des Buffles. — Camb. *Kŏk sambŏk. tŭm.*

Le Crabier, très commun dans les rivières, a reçu le nom de «Garde-bœuf.» en raison de son habitude de fréquenter le voisinage des Buffles. On le distingue facilement des autres Crabiers par sa tête jaune doré (ainsi que le cou et la poitrine), à la saison des pluies.

Hab. Indo-Chine, Inde, Chine méridionale, Formose, Célèbes.

288. **Demi-egretta sacra** (Gmelin).

Ardea sacra. Gmel. — **A. gularis.** Forst. Gould, B, of. Austr. VI. pl. 60. — **Herodias Grayi.** (Gray). — Hume, 1874. Str. f. p. 304.

Cette Aigrette grise, à bec rougeâtre, est commune le long de la mer; elle ne diffère que par la taille de la Demi-egretta **Asha** (Sykes) de l'Inde.

Hab. Indo-Chine et Indo-Malaisie.

289. **Ardeola prasinosceles** (Swinhoe).

A. prasinosceles. Swinh. 1862. Ibis p. 64. — 1871. Proc. Z. Soc. p. 413. A. David et Oustalet, 1877. Ois. Chine. p. 443. — Hume et Davison 1878. Str. f. p. 481.

Ann. *Con Cò bông* (Souvent *Con Cò mạ*).

Ce beau Crabier d'un beau marron lie de vin sur la tête et le cou, à bec tricolore bleu, jaune et noir, est commun en Cochinchine. Il diffère de l'**A. speciosa** (Horsfield), qui a une crête blanche, la tête et le cou ferrugineux pâle.

Hab. Cochinchine, Chine méridionale, Ténasserim.

290. **Ardeola Grayi** (Sykes).

A. Grayi. Sykes. — **A. leucoptera.** Jerdon. 1864. B. of Ind. 11. p. 751.

Ann. *Con Cò mạ*.

Ce Crabier est très commun en Cochinchine dans les rizières et le long des cours d'eau. On le distingue du précédent par sa crête blanche, la teinte grise plus ou moins fauve ou olivâtre du dessus de la tête, du cou, et de la poitrine; le dos est vineux plus ou moins fané.

Hab. Indo-Chine, Indo-Malaisie.

291. **Gorsachius melanolophus** (Raffles).

A. melanolopha, Raffles 1821. Tr. Lin. Soc. — **Nicticorax lunnophyllax.** Tem. 1828. Pl. col. 581. — **G. melanolophus.** A David et Oustalet, 1877. Ois. Chine, p. 445. — Hume, 1874. Str. f. p, 312.

Ann. *Con Vạc lem*. Camb. *Khvêk*.

Ce Butor est reconnaissable à son bec bleuâtre, aux raies longitudinales brun ferrugineux de la partie inférieure de la poitrine. Les parties supérieures sont rousses.

Hab. Cochinchine, Péninsule malaise, Ténasserim, Arakan, Philippines, Moluques, Formose.

Il est probablement identique avec l'**A. Goisagi** (Tem.) du Japon.

292. **Nycticorax griseus** (Linné).

Ardea grisea. Lin. 1766. —**N. griseus**. Jerdon 1894. B. of Ind. 11. p. 578. A. Dav. Oust. 1877. Ois. Chine p. 444.

Ann. *Con Vạc.* Chinois, *Oua dze* (A. David). Cambodgien, *Khvêk.*

Le Bihoreau aux yeux rouges est un oiseau nocturne au cri caractéristique. Il est identique au Bihoreau de France.

Hab. Europe, Asie, Afrique.

293. **Butorides Javanica** (Horsfield).

Ardea Javanica. Horsfield. — **A. chloriceps**. Hodgson. — **B. Javanica**. Jerdon 1864. B. of Ind. p. 752. — Hume, 1878. Str. f. p. 483.

Ann. *Con Cò rang* (ou *Cò rán* — Héron grillé).

Le Blongios vert est un oiseau nocturne extrêmement commun en Cochinchine.

Hab. Indo-Chine, Inde, Malaisie.

394. **Ardetta flavicollis** (Latham).

Ardea flavicollis. Latham. 1790. Ind. Ornith. 11. p. 701. — **A. nigra**. Vieillot, 1817.— A. Picta. Raffles. **Ardetta flavicollis**. Jerdon, 1864. B. of Ind. 11. p. 753. A. Dav. et Oustalet. 1877. Ois. Chine, p. 446.

Ann. *Con Cò lửa.*

Le Blongios noir à cou jaune est un bel oiseau diurne (et non nocturne), commun en Cochinchine, le long des arroyos et dans les rizières.

Hab. Indo-Chine, rare au Ténasserim (Davison), Inde, Moluques, Chine, Philippines, Australie.

295. **Ardetta cinnamomea** (Gmelin).

Ardea cinnamomea. Gmel. 1788. — **Ardetta cinnamomea**, Jerdon, 1864. B. of Ind. p. 755. — A. David et Oustalet, Ois. Chine, 1877. p. 447. Hume et Davison, 1878. Str. feath. p. 483.

Ann. *Con Cò vàng.*

Le Blongios cannelle est très commun dans toute la Cochinchine.

Hab. Indo-Chine, Inde, Chine, Malaisie.

296. **Ardetta Sinensis** (Gmelin).

Ardea Sinensis. Gmelin. 1788. — **A. lepida.** Horsfield, 1821, — **Ardetta Sinensis.** Jerdon, 1864. B of Ind. 11. p. 755. — A. Dav. Oustalet, 1877. Ois. Chine, p. 448. — Hume et Davison, Str. f. 1878. p, 484.

Ann. *Con Cò xanh.*

Le Blongios chinois est bien plus petit que les précédents ; il a le dos d'un brun terreux et la tête noire.

Hab. Indo-Chine, Inde, Chine, Japon, Philippines, Célèbes.

Ciconiidés

297. **Leptoptilos Javanica** (Horsfield).

Ciconia Javanica. Horsfield, 1821. Tr. Lin. Soc. xiii. p. 188. — **L. Javanica.** Lesson, 1831. Tr. d'Ornith. p. 584. — Jerdon, 1864. B. of Ind. 11. p. 732.

Ann. *Con Gia đãy.* Camb. *Tădak.*

Le Marabout à jambes noires est l'espèce la plus commune en Basse-Cochinchine, on le reconnaît à son dos d'un noir verdâtre dont toutes les plumes sont rayées de barres étroites. Sa taille est moindre que celle du **L. argala**, et il préfère les régions peu habitées et les forêts. Au *Rạch giá*, on récolte abondamment les plumes de cet oiseau pour fabriquer des éventails.

Hab. Indo-Chine, Malaisie, plus rare dans l'Inde.

298. **Leptoptilos argala** (Linné).

A. argala. L. — **Ciconia Marabou.** Tem. — **Lept. argala.** Jerdon, 1864, B. of Ind. p. 730. — Hume et Davison, 1878. Str. f.

Ann. *Con Gia đãy* ou *Chó đồng* (*Rạch Giá*).

Le grand Marabout est moins commun que le précédent; il fréquente surtout le voisinage des lieux habités. Ses pattes sont blanc grisâtre. On n'exploite pas les plumes de cet oiseau.

Hab. Inde, surtout au Bengale, Indo-Chine.

La Cochinchine se trouve probablement à une limite de son aire de dispersion.

299. **Mycteria asiatica** (Latham).

Ardea asiatica. Latham. 1790. — **Mycteria australis.** Shaw. ap. Jerdon, 1864. B, of Ind. 11 p. 734. — **Xenorynchus asiaticus.** Lath. apud Hume Str. feath. 1875 p. 189. 1878. — p. 469.

Ann. *Con Cò đen* (*Con Khoan cổ đen*) ou *Già sói.*

Ce gigantesque Jabiru est un magnifique oiseau ayant la tête, le cou, une partie du dos et de la queue d'un vert foncé métallique très brillant, avec des reflets pourprés à la nuque. Le reste du corps est d'un blanc pur, Il n'est pas commun et ne se rencontre que dans les cantons touchant la mer : *Gô Công*, *Bến tré*, *Trà vinh*, etc.

Hab. Indo-Chine, Inde, Malaisie Australie.

300. **Ciconia episcopus** (Boddaert).

Ardea episcopus. Bodd.—**A. leucocephala.** Gmel.—**Cic. leucocephala.** Jerdon, 1864. B. of Ind p. 737. **Melanopelargus episcopus.** Hume et Davison, Str. feath. 1878, p. 469.

Ann. *Con chim Rhoan cổ.*

Cette belle Cigogne, à plumage noir glacé de pourpre violet, est l'oiseau Beefsteaks des Européens au Bengale. Sa chair pourtant est coriace. Il niche fréquemment auprès des pagodes à *Trà vinh*, en compagnie des Hérons.

Hab. Indo-Chine; Inde, Malaisie.

Le **C. Abdimii** de l'Afrique en diffère en ayant le cou d'un noir pourpré violet au lieu de blanc.

Anastomidés

301. **Anastomus oscitans** (Boddaert).

Ardea oscitans. Bodd. — **Anastomus typhus.** Tem. — **A. Albus.** Vieillot. — **Anastomus oscitans.** Jerdon, 1864, B. of Ind. 11, p. 765. — Bingham, 1876. Str. feath. p. 212.

Ann. *Con Nhạn.* — *Con Nhạn trắng*, — parfois *Đang ốc.*

Le Bec-ouvert est commun en Cochinchine. C'est un oiseau remarquable par son bec très épais dont les mandibules ne se touchent pas dans le milieu chez l'adulte et laissent un vide plus ou moins grand que l'on pense produit par le frottement des coquilles (Ampullaria , Unio) dont il se nourrit souvent.

Hab. Cochinchine (non signalé au Ténasserim), rare au Pégu, Inde.

Plataleidés

302. **Platalea leucorodia** (Linné).

Pl. leucorodia. Lin. — Jerdon, 1864, B. of Ind. 11. p. 763.

Ann. *Con Cò đia.*

La Spatule n'est pas très commune ; on me l'a apportée à *Saigon* et je l'ai tuée une fois à *Trà vinh.*

Hab. Europe, Asie, Afrique.

Tantalidés

303. Tantalus leucocephalus (Gmelin).

T. leucocephalus. Gmel. 1788. —Jerdon, B. of India 1864. 11, p. 761.

Ann. *Con Nhan sen. Đang sen* Camb. *Ronéel.*

Le Tantale à tête blanche est commun en Cochinchine ; c'est un bel oiseau dont les tertiaires sont teintées de rose. Son long bec recourbé comme celui des Ibis est jaune.

Hab. Indo-Chine, Inde.
En Malaisie, il est remplacé par le **T. lacteus**. Tem.

304. Ibis melanocephala (Latham).

Tantalus melanocephalus. Lath. 1790. — **Ibis Macei**. Wagl. 1826. — **Ibis leucon**. Tem. 1838. — **Threskiornis melanocephalus**. Blyth. 1849. — Jerdon, 1864. B. of Ind 11. p. 768. —**Ibis melanocephala**. A. Dav. Oustalet, 1877. Ois. Chine, p. 452, **Ibis propinqua**. Swinhoe 1870. Ibis, p. 428.

Ann. *Con Cò quăm.* Cambodgien, *Kângâ.*

Cet Ibis, très commun en Cochinchine, se distingue de l'Ibis sacré d'Egypte par la coloration de ses rémiges, blanches chez l'adulte, au lieu de noir verdâtre. Sa chair est détestable.

Hab. Indo-Chine Inde, Moluques, Chine.

304 bis. Ibis gigantea (Oustalet).

Ibis gigantea. Oustalet, 1877. Bull. Soc. Philom. Paris, 7. Ser. T. 1. p. 25. — **Thaumatibis gigantea**. Elliot, 1877. Pr. Z. Soc. p. 477. —Reichenow, 1877. Jour. für Ornithol. —p. 443.

Ann. *Con Cò quắn rế.*

J'ai tué à *Trà vinh* un exemplaire de cet Ibis géant nouvellement décrit par M. Oustalet, d'après les oiseaux envoyés de Cambodge par M. Oustalet. Il est de taille gigantesque (plus d'un mètre), de couleur noir brunâtre avec des reflets verdâtres. Le bec jaunâtre, les pattes rouges.

Hab. Cochinchine, Cambodge.

305. Geronticus papillosus.

Ibis papillosus. Tem. — **Ger. papillosus**, Jerdon, 1864. B. of Ind. p. 769.

Ann. *Con Cò quăm đèn* — Camb. *Trâiang.*

Cet Ibis noir, le roi des **Courlis** des chasseurs de l'Inde n'est pas très commun en Cochinchine. Pour ma part, je ne l'ai observé qu'à *Thù dầu một* dans les plaines sablonneuses et gazonnées en allant à *Biên hòa.* On le reconnaît facilement à sa tête noire marquée d'une tache triangulaire d'un rouge brillant. Sa chair est excellente.

Hab. Indo-Chine, Inde.

306. **Graptocephalus Davisoni** (Hume).

Geronticus Davisoni. Hume, 1875. Str. f. p. 300. — **Ibis Harmandi.** Oustalet, Bull. Soc. Philom. Paris. 1877. p. 28. — **Gra. Davisoni.** Elliot. 1877 Pr. Z. Soc. p. 477. Hume et Davison, 1878. Str. f. p. 485.

Ann. *Con Cò quắn ô.* Ibis noir à collier.

Cet oiseau avait été apporté de Siam en 1862 par Bocourt, puis de *Sombor* (Cambodge) par M. Harmand en 1877. Il est identique avec celui qui a été décrit en 1875 par Hume d'après les exemplaires tués par Davison dans l'extrême sud du Ténasserim, à *Pakchan.*

Il se distingue par l'absence de papille sur le derrière de la tête, et un collier rougeâtre sur le cou. Je n'ai pas encore rencontré cet oiseau en Basse-Cochinchine.

Hab. Cochinchine, Cambodge (Harmand), Siam, Ténasserim (Hume et Hough.

Scolopacidés

307. **Numenius lineatus** (Cuvier).

N. lineatus. Cuv. 1829. Lesson, 1831. — **N. arcuata.** Jerdon 1864. B. of Ind. II. p. 683. A. Dav. et Oust. 1877. Ois. Chine, p. 457.

Ce grand Courlis n'est pas très commun en Cochinchine, et on ne le rencontre guère que dans les cantons voisins de la mer. C'est un gibier excellent. Il ne diffère du **N. arcuatus** (L.) d'Europe que par ses plumes axillaires blanches sans taches.

Hab. Indo-Chine, Inde, Chine.

308. **Numenius phœopus.** (Linné).

Scolopase phœopus. L. 1766. — **Num. phœopus.** Jerdon 1864. B. of Ind. p 648.

J'ai pu me procurer le Courlis Corlieu sur le marché de *Saigon.* Il provenait du voisinage de la mer. Sa taille est bien plus faible que celle du précédent.

Hab. Europe, Asie, Australie.

309. **Himantopus candidus** (Bonnaterre).

H. candidus. Bonnaterre, 1791. Tabl. Encycl. Ornith. p. 24. — Jerdon, 1864. B. of Ind. p. 704.

Ann. *Con So đuả.*

L'Echasse blanche à aile noire est un joli oiseau qui ne diffère en rien en Cochinchine des oiseaux de même espèce de l'Europe. Il est très rare en Chine.

Hab. Europe, Asie centrale, Inde, Indo-Chine, Afrique septentrionale.

310. **Totanus glottis** (Linné).

Scolopase glottis. L. 1746. Jerdon, 1864. B. of Ind. 11. p. 700. A. Dav. Oust, 1877. Ois. Chine, p. 462.

Ann. *Con chim Ti tô* (nom de tous les Chevaliers). Camb. *Sat chœung*.

Le Chevalier aboyeur (Barge grise) est le plus grand des Chevaliers de Cochinchine. On le reconnaît à son bec retroussé, ses pattes vertes et ses sous-caudales d'un blanc pur.

Hab. Europe, Asie.

311. **Totanus calidris** (Linné).

Scol. calidris. Lin. 1766. — Jerdon, 1864. B. of Ind. — A. Dav. Oust. 1877. Ois. Chine.

Le Chevalier Gambette ou Gambetta a les pattes rouges et se distingue encore par son bec rouge à extrémité noire.

Hab. Europe, Asie, Afrique, (jusqu'à l'équateur).

312. **Totanus glareola** (Linné).

Tringa glareola. L. 1716. — Jerdon, B. of Ind. 11. p.

Le Chevalier sylvain est de petite taille. Sa queue est barrée transversalement, son bec noir est vert à la base ; ses pattes sont vert jaunâtre.

Hab. Europe, Asie, Afrique, Malaisie.

313. **Totanus ochropus** (Linné).

Tringa ochropus. L. 1766. Jerd. B. of Ind. 11. p.

Ann. *Con Tù hít*.

Le Chevalier Cul-blanc se reconnaît à ses pattes vert brunâtre, à son bec brun-gris, verdâtre à la base et aux quatre bandes noires marquant les rectrices centrales de sa queue blanche.

Hab. Europe, Asie, Afrique.

314. **Totanus fuscus** (Brisson).

Limosa fusca. Briss. 1760. **Tot. fuscus**. Jerdon, 1864. B. of Ind. p. 702.

Je n'ai vu qu'un exemplaire du Chevalier Arlequin en Basse-Cochinchine ; il provenait de *Qùi nhơn* (Dr Morice). Son bec est foncé avec la pointe rouge. Ses pattes sont d'un rouge brunâtre.

Hab. Europe, Asie.

315. **Tringoides hypoleucus** (Lin.).

Tringa hypoleueus. L. 1766.— **Actitis hypoleucus.** Jerd. 1864. B. of Ind. II, p. 699.

La Guignette est très commune en Cochinchine.

Hab. Europe, Asie, Afrique, Australie.

316. **Calidris arenaria** (Lin.).

Tringa arenaria. L. 1766. — **Cal. arenaria.** Jerd. 1864. B. of Ind. 11. p. 694.

Le Sanderling est reconnaissable à ses pattes à trois doigts. C'est le Bécasseau à trois doigts des chasseurs.

Hab. Europe, Asie, Afrique, Australie.

317. **Tringa platyrhyncha** (Temminck).

Tr. platyrhyncha. Tem. 1820. — Jerd. 1864. B. of. Ind. 11. p. 692.

Ce Bécassseau se distingue par la largeur de son bec légèrement retroussé.

Hab. Europe, Asie.

318. **Tringa cinclus** (Lin.).

T. cinclus. L. 1766. Jerdon, 1864. B. of Ind. 11, p. 690.

Le Bécasseau brunette a l'abdomen orné d'une plaque noire.

Hab. Europe, Asie, Afrique, Amérique du Nord.

319. **Tringa subarcuata** (Guldenstein).

Scolopax subarcuata. Guldenst. 1774. — Jerdon, 1864. B. of Ind. 11. p. 694.

Le Bécasseau Cocorli a le bec long et le plumage roux.

Hab. Europe, Asie, Afrique septentrionale et Occidentale, Amérique du Nord.

320. **Gallinago stenura** (Kuh.l).

G. stenura. Kuhl. ap. Bonaparte. Ac: di, St. Nat. Bolog. 111. — Jerdon, 1864. B. of Ind. 11. p. 674.

Ann. *Con Mỏ nhác* — Camb. *Prâchréch.*

Cette double Bécassine est commune partout en Cochinchine durant la saison des pluies. On en trouve quelques-unes durant la saison sèche. On la distingue des autres Bécassines par le nombre des plumes de sa queue (de 20 à 28).

Hab. Indo-Chine, Timor, lac Baikal.

321. **Gallinago scolopacina** (Bonaparte).

G. scolopacina. Bonap. 1838. — Jerdon, 1864. B. of Ind. 11. p. 673.

La Bécassine commune abonde dans toute la Cochinchine, pendant les pluies, mais elle émigre pendant la saison sèche ; sa queue a de 14 à 16 plumes.

Hab. Europe, Asie.

322. **Gallinago gallinula** (Lin.).

Scolopax gallinula. Lin. 1766. Jerd. 1864. B. of Ind. p. 11. p. 676.

La Bécassine sourde est un peu moins commune que les deux autres. Sa queue n'a que 12 plumes.

Hab. Europe, Asie.

A. David ne l'a pas vue en Chine. Elle est commune dans l'Inde.

323. **Rhynchæa capensis** (Linné).

Scolopax capensis. L. 1766. **Rh. Bengalensis.** Jerd. 1864. B. of Ind. 11. p. 677.

Ann. *Con Mộ nhác hoa.*

Cette belle Bécassine, au brillant plumage, est très commune en Cochinchine comme dans toutes les régions chaudes de l'Asie, de l'Afrique et de l'Europe. Elle habite aussi la Malaisie, l'Australie et le Japon.

Rallidés

324. **Hydrophasianus chirurgus** (Scopoli).

Tringa chirurgus. Scop. 1786. — **H. chirurgus.** Jerd. B. of Ind. 11. p. 709 **H. sinensis.** Gould. Bird of Asia. Livr. VII. pl.

Ann. *Con chim Hoc trò.*

Ce superbe oiseau est commun en Basse-Cochinchine.

Hab. l'Indo-Chine, l'Inde, Ceylan, Java et la Chine méridionale.

325. **Parra indica** (Latham).

P. indica. Lath. — **Metopideus indicus.** Jerdon, 1864. B. of Ind. 11. p. 708. **P. œnea.** Cuvier.

Ann. *Con chim Chàng nghiệt.*

Ce beau Jacana, à reflets pourprés, est commun en Cochinchine dans tous les points où se trouvent des marais herbeux qu'il parcourt facilement à l'aide de ses pattes aux doigts démesurés.

Hab. Indo-Chine, Inde, Malaisie.

325 bis. **Porphyrio Edwardsi** (Elliot).

P. Edwardsi. — Elliot, 1877. Ann. ascd. Magas. Nat. Hist. Sér. V. Tome 1. — Ibis, 1878, p. 194.

Ann. *Con Trích.* — Cambodgien *Toûm.*

La Poule Sultane habite les parties marécageuses de la Cochinchine et elle y est commune. Elle est voisine de la Poule Sultane de l'Inde **P. poliocephalus** (Lath.), et de celle de la Chine méridionale **P. cœlestis** (Swinh) si elle est distincte de cette dernière.

326. **Gallierex cinerea** (Gmelin).

Fulica cinerea. Gm. 1788. — **Gallierex cristatus**. Jerdon, 1864. B. of Ind. 11. p. 716. — **G. cinerea.** A. Dav. Oust. 1877. Ois. Chine, p. 482.

Ann. *Con Gà nước.*

La grande Poule d'eau à plaque cornée rouge, à cou blanc, le reste du plumage étant noir plus ou moins varié de roux, est commune dans tous les pays de rizières. Le soir, elle fait entendre un cri lugubre très puissant.

Hab. Indo-Chine, Inde, Chine méridionale, Ceylan, Philippines.

327. **Gallinula chloropus** (Linné).

Fulica chloropus. L, 1766. — Poule d'eau, Buffon, 1770. — **G. chloropus.** Jerdon, 1864. B. of Ind. 11. p. 718. — A. Dav. Oust. 1877. Ois. Chine, p. 485.

Ann. *Con Gà nước.*

Cette poule d'eau a le bec rouge, les pattes vertes et le plumage olivâtre avec une teinte brune et des raies blanchâtres sur les flancs.

Hab. Europe, Asie, Afrique.

328. **Erythra phœnicura** (Forster).

Rallus phœnicurus. Forster. 1781 — **Gallinula phœnicura.** Jerdon, 1864. B. of Ind. 11. p. 720. — A. Dav. Oustalet, 1877. Ois. Chine, p. 486.

Ann. *Con Quốc* ou *Con Cuốc.*

Cette Poule d'eau a le bec jaune verdâtre, la poitrine blanche et bas, ventre rouge-brique. Elle est commune en Cochinchine comme dans le reste de l'Indo-Chine, l'Inde, la Chine méridionale, les Célèbes, les Philippines.

329. **Hypotœnidia striata** (Brisson).

Rallus striatus. Brisson, 1760. — **Hypotœnidia striata.** Bonap. 1856. — A. Dav. 1877. — Ois. Chine, p. 488.

Ann. *Con Gà nước.*

Le Râle strié est commun en Cochinchine dans toute la région des rizières.

Hab. Indo-Chine, Inde, Malaisie.

330. **Fulica atra** (Linné).

Fulica atra. L. 1766. — Jerd 1864. B. of Ind. 11. p. 715. — A. Dav. Oust. 1877. Ois. Chine, p. 489.

La Foulque noire a le bec blanc et de longs doigts garnis d'une membrane festonnée. Elle n'est pas rare en Cochinchine dans les vastes marécages où il y a des étendues d'eau permanente. J'ai eu en ma possession un exemplaire provenant du Canal de *Châu đốc* à *Hà tiên*.

Hab. Europe, Asie.

Anatidés

331 **Nettapus coromandelianus** (Gmelin).

Anas coromandeliana. Gm. 1788. — **N. coromandelianus**. Jerdon, 1864. B. of Ind. 11. p. 786. — A. Dav. Oust. 1877. Ois. Chine, p. 501.

Ann. *Con Ba Canh*. — Camb. *Kâmpòu Tŭrk*.

Ce joli petit canard à dos d'un vert foncé avec des reflets pourpre est commun en Cochinchine.

Hab. Indo-Chine, Inde, Ceylan, Java, Philippines, (Chine centrale en été).

332. **Dendrocygna Javanica** (Horsfield).

D. Javanica. Horsfield. 1821. Tr. Lin. Soc. XIII. p. 199. — Hume, 1878. Str. feath. p. 486. **D. awsuree**, Sykes, 1832. — **D. arcuata**. Cuv. (Pars.)

Ann. *Con Le le*. — Camb. *Prâvâhk*.

La Sarcelle sifflante est très commune dans l'Indo-Chine, dans l'Inde, et à Java.
Le **D. arcuata**, (Cuvier) habiterait les Philippines, l'Australie septentrionale et Java.

333. **Querquedula crecca** (Linné).

Anas crecca. L. 1746. Jerdon, 1864. B. of Ind. 11. p. 806. A Dav. Oust. 1877 Ois. Chine, p. 502.

Ann. *Con Ba kiên*. — Camb. *Prâvâhk*.

La petite Sarcelle aux ailes ornées d'un miroir vert est assez commune en Cochinchine pendant une saison de l'année, de Septembre en Janvier.

Hab. Europe, Asie, Amérique.

334. **Querquedula circia** (Linné).

Anas circia. L. 1766. — **Q. circia**. Jerd. 1864 B, of Ind. 11. p. 807. — A. Dav. Oust. 1877. Ois. Chine, p. 502.

Ann. *Con Ba kien*. — Camb. *Prâvâhk*.

Cette Sarcelle a un miroir alaire bleu. Elle est un peu plus commune. Elle habite la plus grande partie de l'Ancien Continent ; en Chine on ne la trouve qu'à Formose et dans les provinces méridionales.

Podicipidés

335. **Podiceps minor** (Gmelin),

Colymbus minor. V. B. Gmel. 1786. — **C. Philippensis.** Bonnaterre, 1823. — **Podiceps Philippensis.** Jerdon, 1864. B. of Ind. p. 822. — A. Dav. Oust. 1877. Ois. Chine, p. 512.

Ann. *Con Ba nhich.* — Camb. *Smounh.*

Ce petit Grèbe est très-commun en Cochinchine sur toutes les rivières. Il ressemble tout à fait au Castagneux d'Europe et ne s'en distingue que par les tâches blanches de ses secondaires.

Hab. Indo-Chine, Inde, Chine, Japon, Philippines.

Procellaridés

336. **Puffinus leucomelas** (Temminck).

P. leucomelas. Tem. 1838. pl. col. 58— A. David et Oust. 1877. Ois. Chine, p. 515.

Cet oiseau de mer a été envoyé de *Qúi nhon* par le Dr Morice au museum de Lyon.

Le Puffin blanc et noir habite l'Océan Pacifique. On l'a signalé sur la côte de Chine, du Japon, des Philippines. On surnomme souvent les **Puffins** « Plongeurs des tempêtes ».

Laridés

337. **Chrococephalus bruneicephalus** (Jerdon).

Larus bruneicephalus. Jerdon, 1840. Madr. Jouan, 225. — **Xema brunicephala.** Jerdon, 1864. B. of Ind. 1864. 11 p. 832. — **Chrococephalus bruneicephalus.** A. Dav. Oust. 1877. Ois Chine, p. 521.

Cette Mouette à la tête brune habite l'Asie Orientale. Elle y tient la place du **Larus ridibundus** d'Europe.

338. **Gelochelidon Anglica** (Montagu).

Sterna Anglica. — Montagu. — **St. affinis.** Horsfield. **Gelochelidon Anglicus.** Jerdon, 1864. B. of Ind. 11. p. 836.

Cette Sterne à plumage blanc et gris est commune à *Bà ria*.

Hab. Indo-Chine, Inde.

Cet oiseau niche dans l'Asie centrale et a été vu, mais rarement, en Angleterre.

339. **Thallasseus Bergii** (Lichtenstein).

Sterna Bergii. Licht. 1823. Verzeichn. 80. — **Th. cristatus**. (Stephenson). Shaw. 1825. Jerdon, 1864 B. of Ind. p. 842. **Thallasseus Bergii**. A. Dav. Oust. 1877. Ois. Chine, p. 523.

Cette grande Hirondelle de mer habite l'Océan Indien, de l'Afrique à l'Australie. Je n'en ai vu qu'un exemplaire, pris au phare du Cap St-Jacques (*Bà ria*).

340. **Hydrochelidon hybrida** (Pallas).

Sterna hybrida. Pallas. 1811. — **H. indica**. Jerdon, 1864. B. of Ind. p. 837. **H. hybrida**. A. Dav. Oust. Ois. Chine, 1877. p. 524. — **St. Javanica**. (Horsfield) d'après Saunders.

Au Canal de *Hà tiên* à *Châu đốc Trà vinh.*

Cette Sterne grise ou Guiffette avec l'abdomen noir, la gorge et le bas-ventre d'un blanc pur habite une grande partie de l'Europe, de l'Asie et de l'Afrique.

341. **Sterna melanauchen** (Temminck).

St. melanauchen. Tem. 1827. — Pl. col. 427. — **Onychoprion melanauchen**. Jerdon. 1864. B. of. Ind. 11. p. 844.

A *Bà rịa.*

La Sterne à nuque noire habite les mers de l'Indo-Malaisie des Andamans à la Nouvelle Calédonie.

342. **Sterna melanagastra** (Tem.).

St. melanagaster. Temminck. — **St. acuticauda**. Gr. et Hardwicke. — **St. javanica**. Horsf. apud Jerdon, 1864. B. of Ind. 14. p. 840.

A *Bària Trà vinh.* —

La Sterne à ventre noir est la plus commune en Cochinchine. — Hab. Inde, Indo-Chine.

343. **Sternula Sinensis** (Gmelin).

St. Sinensis. Gm. 1788. — A. Dav. Oust. 1877. Ois. Chine, p 527. **St. minuta**. Horsfield, 1821. Jerdon, 1864. B. of Ind. 11. p. 840.

à *Trà vinh*

Cette petite Sterne à bec jaune et pattes jaune orangé habite toute 'Asie Ori ntal .

344. **Haliplana fuliginosa** (Gmelin).

Sterna fuliginosa. Gm. 1788. — **St infuscata**. Licht. 1823. — **St. fuliginosa**. Gould. 1848. B. of Austr. VII. pl. 32. — Finsch et Hartlaub. 1862. Beitr. Faun. Centralpolyn. — A. Dav. Oust. 1877.

Aux bords de la mer, *Trà vinh*.

Hirondelle de mer à bec noir avec le dos brun et le front blanc.

Hab. Mers équatoriales.

345. **Gygis candida** (Gmelin).

Sterna candida. Gm. 1788. — **Gy. candida**. Wagl. 1832. Ibis, 1. p. 223. — A. Dav. Oustalet. 1877. Ois. Chine, p. 529.

A *Bà rịa*.

Hirondelle de mer, blanche à bec noir. Mers tropicales de la Malaisie et de la Polynésie. On a surnommé ce bel oiseau : la fée, l'Hirondelle fée, l'Hirondelle joyeuse.

346. **Anous stolidus** (Linné).

Sterna stolida. L. 1766. — Le petit Fouquet des Philippines, Sonnerat, 1776. Voy. Nouv. Guinée. 125. pl. 85. — **Anous stolidus**. Gould. 1848. Bird of Austr. VII, pl. 33. — Jerdon, 1864. B. of Ind. 11. p. 846.

A *Bà rịa*

Le Noddi niais ou l'Hirondelle de mer niaise est d'un brun noirâtre. On le trouve dans toutes les mers tropicales.

347. **Phaeton indicus** (Hume).

Ph. œthereus, L. Apud Hume, 1873. Str. f. p. 287. — Butlet, 1877. Str. f. p. 302.

Cette espèce de Phaéton ou d'oiseau des Tropiques voisine du **Phaeton œthereus**, elle est de bien plus petite taille. La description faite par Hume m'a paru convenir à un exemplaire que j'ai vu et qui provenait de l'île de *Poulo Condore*.

Pelecanidés

348. **Pelecanus Javanicus** (Horsfield).

P. Javanicus. Horsfield, Lin. Tr. XIII. p. 197. — **P. roseus**. Gmel. — **P. minor** Ruppell. — **P. Javanicus**. Jerdon, 1864. B. of Ind. 11. 857. — Hume et Davis. 1878. Str. f. p. 494. — **P. nutratus**. 1877. Ois. Chine, p. 531.

Ann. *Con Nhạ bè* — *Thần nông* (au *Rạch Giá*), *Bồ nông*. — Cambodgien, *Tưng*.

Le Pélican blanc de Cochinchine à huppe, avec le bec et les pattes jaunes, et les rémiges de couleur foncée est un oiseau très commun : Au *Rạc Giá* on exploite ses plumes pour faire des éventails.

349. Pelecanus philippensis (Brisson).

O. nocrotalus philippensis. Briss. 1760. — Ornith, 527. pl. 46. — Schlegel, 1863. — Jerdon, 1864. — B. of Ind. 11, p. 859. — Hume et Dav. 1778. Str. f. p. 495.

Ann. *Con Thăng bè.* ou *Đang bè* — Cambodgien, *Tưng.* — Chinois, *Thao-ho* (A. David).

Le Pélican gris est un oiseau très commun sur les grands fleuves de Cochinchine. Hume pense (loco citat.) que le nom de Philippines s'applique réellement à l'oiseau décrit comme le jeune du **P. javanicus** par Jerdon. — Il habite l'Asie Orientale. — Le **P. rufesceus** d'Afrique est un proche allié.

350. Phalacrocorax Carbo (Linné).

Pelecanus.Carbo. Lin. 1766. — **Le Cormoran.** Buffon, 1770. — Pl. enlum. 927. — **Ph. Carbo.** Gould. 1837. B. of Europ. pl. 407. — **Graculus sinensis.** Gray. 1846. — **Gr. Carbo.** Jerdon, 1864. B. of Ind. 11. p. 861.

Ann. *Con Thần cốt.* — Cambodgien, *Kâêk tứk.* — Chinois, *Lou sseu* (A. David).

Le Cormoran noir, qui est un oiseau entièrement commun sur toutes les rivières de Cochinchine et qui niche sur les Dipterocarpus des environs de *Tvà vinh* en quantité prodigieuse, n'est pas employé par les Annamites à la pêche comme il l'est en Chine.

Hab. l'Europe et l'Asie.

351. Phalacrocorax fuscicollis.

Pelecanus fuscicollis. Stephenson. — **Graculus sinensis.** Jerdon, 1864. B. of Ind. p. 862.

Ann. *Con Thần cốt.*

Cette espèce de Cormoran noir se distingue à peine de l'espèce précédente par sa taille notablement plus petite, 61 à 68 centimètres au lieu de 81 à 86 et la teinte fauve des côtés du cou. Il m'a paru encore plus commun en Cochinchine.

Hab. Inde, Indo-Chine.

352. Phalacrocorax pygmaeus (Pallas).

Ph. pygmaeus. Pallas. — **Carbo Javanicus.** Horsfield. — **Carbo melanognathus.** Brandt. — **Graculus Javanicus.** Jerdon, 1864. B. of Ind. p. 863.

Ann. *Con Côn cốt*

Ce Cormoran n'a que 48 à 50 centimètres de longueur. Il est très commun sur toutes les rivières de Cochinchine.

Hab. Indo-Chine, Inde.

353. **Plotus melanogaster** (Gmelin).

P. melanogaster. Gmel. — Jerdon, 1864. B. of. Ind. 11. p. 865.

Ann. *Con Điền điển.*

L'Anhinga est un superbe oiseau à cou de serpent et à bec pointu qui habite toutes les rivières de Cochinchine. Il est extrêmement commun à *Trà vinh.*

Hab. Indo-Chine, Malaisie, Inde, Ceylan.

FIN.

TABLE DES NOMS ANNAMITES

DES OISEAUX COMPRIS DANS LES OISEAUX DE LA BASSE COCHINCHINE

Con chim

Con chim

Chiên chiên	(ou *chuyên chuyên*) ou encore *Chè chuyên* Genres Mirafra Emberiza. Anthus. Corydalla, 212, 213.
Chó đồng	Leptoptilos Javanicus (ou *Rạch Già*), 298.
Chóc mào	Genres Ixus-Rubigula, etc., 165.
Chỏi chỏi	Genres Prinia, Cisticola, Drimœca, Orthotomus, 191.
Cò bông	Ardeola prasinosceles. Crabier marron, 289.
Cò cá	Herodias garzetta. Petite Aigrette. 285.
Cò đèn	Mycteria asiatica. Jabiru, 299.
Cò điả	Platalea leucorodia. Spatule, 302.
Cò lửả	Ardetta flavicollis. Blongios noir. 294.
Cò mạ	Ardeola Grayi. Crabier marron à crête blanche, 289, 290.
Cò nghà	Herodias gazetta. Petite Aigrette, 285.
Cò quắm	Ibis melanocephala. Ibis blanc, 304.
Cò quắm đèn	Geronticus papillosus. Ibis noir, 305.
Cò quắm ré	Ibis gigantea. Ibis géant, 304 bis.
Cò quắm ô	Graptocephalus Davisoni ! Ibis noir à collier, 306.
Cò rắn	Butorides Javanica. Blongios vert, 293.
Cò rang	Butorides javanica. Blongios vert, 293.
Cò trắng	Herodias intermedia et torra. Grande Aigrette, 284.
Cò trâu	Bubulcus coromandus. Crabier à tête jaune 287.
Cò vàng	Ardetta sinensis. Blongios chinois, 295.
Cò xanh	Ardetta cinnamomea. Blongios cannelle, 296.
Cồn cốt	Phalacrocorax pygmæus. Petit Cormoran, 352.
Công	Pavo spiciferus. Paon spicifère, 264.
Cú	Baza lophotes, 27.
Cu đất	Turtur Tigrina. Tourterelle, 255.
Cu ghẩm ghĩ	Carpophaga œnea. Grand Ramier vert, 252.
Cu lửa	Turtur meena. Tourterelle rousse, 256.
Cu luồng	Chalcophaps indica. Tourterelle verte, 254.
Cu Ngói	Turtur humilis. Petite Tourterelle, 257.
Cu xanh	Genres Osmotreron. Treron. Crocopus. Sphenscercus. Pigeon vert, 245, 247.
Cuốc	Erythrura phœnicure. Gallinule à poitrine blanche, 328.
Cương bông	Gracupica nigricollis. Martin à collier noir, 236.
Cương trâu	Acridotheres Siamensis. Le Martin noir. Le Merle (des Européens), 235.
Cút	Turnix plumbipes, etc. Caille, 262.
Đa đa	Francolinus Chinensis. Perdrix Francolin, 259.
Đang bè	Pelecanus philippensis. Pelican gris, 349.
Đang ốc	Anastomus oscitans. Bec ouvert, 301.
Đang sen	Tantalus leucocephalus. Tantale, 303.
Đáp muỗi	Caprimulgus divers. Engoulevents, 70, 71.

Con chim

Đầu rìu	Upupa longirostris. Huppe à long bec, 105.
Điển điển	Plotus melanogaster. Anhinga, 353.
Đồ nách.	Glareola orientalis. Glareole, 278.
Diệc lửa.	Ardea purpurea. Héron brun, 282.
Diệc móc.	Ardea cinerea. Héron cendré, 280, 281.
Diều lem.	Milvus Govinda. Milan Govinda, 11.
Diều lửa.	Haliastur indus. Milan à tête blanche, 12.
Dồng dộc	Ploceus divers. Tisserins, 228, 230.
Dù dì	Genre Retupa. Syrnium, etc. Hiboux divers, 30.
Dù dì cốt.	Megalœma lineata. Grand Barbet vert, 55.
E'n	G. Hirundo. Hirondelles, 150.
E'n biển.	Cotyle sinensis. Petite Hirondelle de mer, 153.
E'n thóc lóc	Cypselus infumatus. Martinet des Palmiers, 73.
Gà ác	Gallus moris. Poule nègre.
Gà chọi.	Gallus malayanus. Coq de combat.
Gà cúp.	Poule sans queue.
Gà lôi	Diardigallas prælatus. Euplocame prélat, 266.
Gà nước.	G. Hypotœnidia. Gallinula. Gallierex. Poule d'eau, 326, 327, 329.
Gà rừng.	Gallus ferrugineus. Coq sauvage, 267.
Gà sao.	Polyplectron Germaini. Eperonnier de Germain, 265.
Gà tây.	Meleagris, g. Dindon.
Gà thiến.	Chapon.
Gà xtêm.	Poule à plumes frisées. Poule de Siam.
Già đãy	Leptoptilos javanicus. Marabout, 297. 298.
Già lói.	Mycteria asiatica. Jabiru, 209.
Gỏ kiến.	Picus analis. Petit Pic, 44, 45, 47, 53.
Hát bội.	Pericrocotus elegans et peregrinus. Péricrocote, 130, 131.
Heo.	Strix flammea, Effraie commune, 35.
Heo rừng.	Strix candida. Effraie blanche, 36.
Hít cô.	Passer flaveolus. Moineau à ventre jaune, 222.
Học trò.	Hydrophasianus chirurgus. Le Chirurgien, 324.
Hồng hoàng.	Dichoceros cavatus. Grand Calas, 99.
Hu.	Scops strictonotus. Hibou tacheté, 31, 33.
Hút-mât.	G. Cynniris, Arachnothera, Arachnechthra, Souimanga, 110, 113.
Yến.	Collocalia linchi et spodiopygia. Salanganes. 78.
Kéc. Kẹc.	Palæornis Lathami. Perruche à ventre rose, 40.
Kên kên.	Otogypscalvus, Gypsindicus, Pseudogyps bengalensis. Vautours, 1, 2, 3.
Kên kên	Vautour à dos blanc, 3,
Kên kên đèn.	Vautour noir, 1.
Kên kên rừng.	Vautour brun des forêts, 2.

Con chim

Kẹo. . . . . Palæornis Cyanocephalus. Perruche à tête rose 39, 43.
Khoan cổ. . . . . . . Ciconia episcopus. Cygogne noire, 300.
Khoan cổ đen . . . . . Mycteria asiatica. Jabiru, 299.
Lắc nước . . . . G. Budytes, Motacilla. Hoche queue, Bergeronnettes, 104.
Lách chách . . . . . . Prinia flariventris, 192.
Le le. . . . . Dendrocygna javanica. Sarcelle brune, 332.
Loi choi. . . . . Cisticola cursitamo, 191.
Long ô. . . . . Haliaetus fulviventer. Pirargue roux, 7.
Mảnh mảnh. . . . . . Estrelda flavidiventris Amandava, 227.
Mèo . . . . Athene cuculoides, Ninox scutulata. Chouette, 28, 29.
Mổ nhác. . . . . Gallinago (genre). Bécassine, 320.
Mỏ nhác hòa. . . . . Rhynchua Capensis. Rhynchée, 272, 323.
Mổ Kiến. . . . . Chrysonotus (Tiga). Chrysocolaptes. Pie dorée, 47, 53.
Nghé. . . . . Iora viridissima, typhia. Figuier, 161.
Nhà bè. . . . . Pelecanus Javanicus. Pélican blanc, 348.
Nhan sen hoa. . . . . Tantalus leucocephalus. Tantale, 303.
Nhan trắng. . . . . . Anastomus oscitans. Bec ouvert, 301.
O biển. . . . . Pandion ichtyaethus. Aigle pêcheur, 9, 10, 11.
O cồng. . . . . Haliætus leucogaster. Aigle à ventre blanc, 7, 8.
O mướp. . . . . Circus spilonotus. Busar, 22, 23.
O rang. . . . . Aquila nævia. Aigle tacheté, 4.
O tròm. . . . . Aquila nævia. Aigle tacheté, 4.
O lồng. . . . . Haliaetus fulviventer. Aigle pêcheur fauve, 7.
Oé caû. . . . . Ægialitis (divers). Petits Pluviers, 273, 274, 275.
Phướng . . . . Rhopodytes tristis, parfois Dissemurus paradiseus, 59, 60.
Quạ. . . . . Corone insoleus, macrorhyncha. Corbeau, 241.
Quốc. . . . . Erythra phœnicura. Poule d'eau à poitrine blanche, 328.
Quành quach. . . . . Ixus (genre). Goyaviers, 167, 168.
Rẻ quạt. . . . . Leucocerca Javanica. Gobe-mouche à queue en éventail, 142, 143.
Riệc. . . . . Ardea cinerea. Héron cendré, 280.
Ruồng cốt. . . . . . Xantholœma hæmocephala. Barbet à front rouge, 57.
Sả sả. . . . . Halcyons, 90.
Sả sả cá. . . . . . . Pelargopsis capensis. Halcyon et Entomobia smyrnensis, 90, 92.
Sả sả tàu. . . . . . . Entomobia pileata (et parfois le Rollier), Halcyon à coiffe noire, 84, 89.
Sả sả trâu. . . . . . Entomobia smyrnensis. Halcyon roux, 84, 90.
Sác. . . . . Munia acuticauda et topela. Munia, 224, 225.
Sánh. . . . . Eulabes Javanica. Merle mandarin, 238,

Con chim

Sáo	Genre Temenuchus Acridotheres, Martins Etourneaux, 235.
Sáo đen.	Acridotheres siamensis, Martin noir, 235.
Sáo sanh	Temenuchus sinensis, nemoricolus. Etourneaux de Chine, 233.
Sáo danh lửa	Temenuchus elegans, Etourneau élégant, 231.
Sáo sậu	Sturnia burmanica, Etourneau de l'Indo-Chine, 234.
Sáu trâu.	Acridotheres siamensis, Martin de Siam, 235.
Sẩu	Terme générique pour les Gobe-mouches, 119, 145, 146.
Séo.	Grus antigone, Grue antigone, 279.
Sít.	Palæornès magnirostris et torquatus, Grande perruche à collier rose, 37, 38.
So đuả.	Himantopus candidus, Echasse, 309.
Te-te	Lobivanellus atronuchalis, Vanneau à nuque noire, 268.
Te-te Cựa.	Hoplopterus ventralis, Vanneau à éperon, 270.
Thẩn nồng.	Pelecanus Javanicus, Pelican, 348.
Thẩn bè.	Pelecanus philippensis, Pélican gris, 349.
Thẳng chải.	Alcedo bengalensis, A. meningting, Petit Martin pêcheur, 86. 87.
Thằng chải đỏ.	Ceyse tridactila, Ceyx à trois doigts, 88.
Thàng làng.	Terme générique désignant les pies-grièches, les Volvocivora, 120. 121, 122, 125, 127.
Thàng làng chó	Lanius nigriceps, Pie-grièche à tête noire, 120, 121, 122.
Thầy bói.	Elanios coeruleus, et Ceryle rudis, 13, 93.
Thầy chùa.	Xantholoema cyanotis, Barbet à gorge bleue, 58.
Thầy chùa lửa.	Cymbirrhynchus mocrorhynchus, 97.
Tí-tô.	Totanus glottis, Chevalier aboyeur, Barge grise, 310.
Trả trẹt.	Todiramphus Chloris, Martin pêcheur Chloris, 93.
Trầu trầu.	Genre Merops et Nyctiornis, Guépiers, 79, 80.
Trầu trầu đất	Merops philippinus, grand Guépier, 81,
Trích	Porphyrio Edwardsi, Poule sultane, 325.
Tù hít.	Totanus ochropus, Chevalier aux pieds verts, 313.
Tù hù.	Eudynamis malayana (mâle). Grand coucou noir, 63.
Tù hù rang	Eudynamis malayana (femelle), 63.
Con chim	
Vạc	Nycticorax griseus, Butor, 292.
Vạc lem.	Gorsachius melanolophus, 291.
Vàng nghệ.	Genre Oriolus, Loriots divers, 155, 157.
Vịt.	Canard (domestique), 331.

TABLE DES NOMS CAMBODGIENS

DES OISEAUX COMPRIS DANS LES OISEAUX DE LA BASSE COCHINCHINE

Kŏk krebĕy	Herodias garzetta. Petite aigrette, 285.
Kŏk sambŏk.	Gorsachius melanolophus. Crabier, 287.
Kreléng kreloung . . .	Gracupica nigricollis. Martin à col. blanc, 236.
Kriél	Grus antigone. Grue antigone, 279.
Kruôch	Turnix plombipes. Caille, 262, 263.
Lolok.	Turtur (divers). Tourterelles.
Kûk.	Retupa Ecylonensis. Grand chat-huant, 30, 33.
Mâhn	Gallus (genre). Coq.
Mâhn prĕy	Gallus ferrugineus. Coq sauvage, 267.
Mâhn tôu.	Diardigallus prælatus. Euplocame prélat. Faisans, 265, 266.
Mihm.	Scops (genre) Phodilus. Chouette-Cherèche, 35.
Póltŏhk	Xantholæma hæmocephala. Barbet. 57.
Prâchiéch.	Gallimago (genre). Bécassine, 320.
Prâpléahk.	Caprimulgus (genre). Engoulevent, 70.
Prâvâhk.	Dendrocygna javanica. Sarcelle de Java, 332, 333, 334.
Préap.	Columba (genre). Colombe-Pigeon.
Préap baitang.	Treron-Osmotreron (genre). Pigeon vert, 245.
Puvéang.	Dichoceros cavatus. Grand Calao, 99.
Rolak	Turtur (genre). Tourterelle, 257.
Rongéer kâk.	Pitta cucullata. Brève, 172.
Rômpi (Rompé). . . .	Collocalia (genre). Salangane, 78.
Ronéel.	Tantalus (genre). Tantale, 303.
Rontép.	Crypsirrhina varians. Tamia, 243.
Rontep tông Rântray.	Dissemurus paradiseus. Drongo de paradis, 59, 137.
Sâsĕh	Picus (genre). Tiga, Chrysococolaptes Pies, 44, 47.
Săt Đalambak.	Genre. Ixus. Goyaviers,
(*Săt*) *Păphĕch*.	Genre. Arachnothera. Souimangas, 110.
Săt Sâhk	Upupa longirostris. Huppe, 105.
Sek	Genre Palæornis. Perruche, 39.
Sék ăt.	Palæornis lathami. Perruche à plastron rouge, 40.
Sék iéa	Palæornis magnirostris. Perruche à collier rose, 37, 38.
Sék sŏm.	Coryllis vernalis. Petit Lori, 42, 43.
Smounh.	Podiceps philippensis. Petit grèbe. Plongeon, 335.
Sraka.	Terme générique des martins et des étourneaux.
Sraka kev.	Acridotheres Siamensis. Martin noir de Siam, 235.
Sraka ulông.	Eulabes Javanica. Merle mandarin, 238.
Stéang.	Accipiter. Nisus-Astrer (genres), 19, 20.
Stéang lolok.	Astur soloensis. Vautour à ventre roux, 18.
Stéang thŭm	Elanus cæruleus. Elancon blanc, 13, 22.
Tadak.	Leptoptilos Javanicus. Marabout, 297.
Tavav.	Buchanga (genre). Drongos, 133.
Thmat.	Gyps et Otogyps. Vautours, 1, 2, 3.
Tihv.	Coracias affinis. Rollier de l'Indo-Chine, 84.
Titûi.	Scops stictonotus. Hibou, 31.

Totéa . . . . Francolinus sinensis. Francolin de Chine. Perdrix, 259.

Toûm . . . . Porphyrio Edwardsi. Poule sultane, 325.

Trachiék kâm. . . . . Hirundo gutturalis. Hirondelles, 150.

Tradev . . . . Merops (divers). Guêpiers, 79, 81.

Traderéch. . . . . . . Lolivanellus atronuchalis. Vanneau.

Traiang. . . . . Geronticus Sapillosus. Ibis à pupilles rouges.

Tưng . . . . Pelecanus Javanicus et Philippensis. Pélican, 348.

PARIS. — IMP. V. GOUPY ET JOURDAN, RUE DE RENNES, 71.

www.ingramcontent.com/pod-product-compliance
Ingram Content Group UK Ltd.
Pitfield, Milton Keynes, MK11 3LW, UK
UKHW022117190726
13855UKWH00003B/914

9 782013 417716